U0169002

室内设计师须知的
100 个通用节点

王志宽　著

江苏凤凰科学技术出版社 · 南京

图书在版编目（CIP）数据

室内设计师须知的100个通用节点 / 王志宽著.
南京 ：江苏凤凰科学技术出版社，2024．7． -- ISBN
978-7-5713-4450-4

Ⅰ．TU238.2

中国国家版本馆CIP数据核字第2024GX9863号

室内设计师须知的 100 个通用节点

著　　　者	王志宽
项 目 策 划	凤凰空间/徐　磊
责 任 编 辑	赵　研　刘屹立
特 约 编 辑	徐　磊

出 版 发 行	江苏凤凰科学技术出版社
出版社地址	南京市湖南路1号A楼，邮编：210009
出版社网址	http://www.pspress.cn
总 经 销	天津凤凰空间文化传媒有限公司
总经销网址	http://www.ifengspace.cn
印　　　刷	北京博海升彩色印刷有限公司

开　　　本	787 mm×1 092 mm　1 / 16
印　　　张	13.5
字　　　数	120 000
版　　　次	2024年7月第1版
印　　　次	2024年7月第1次印刷

标 准 书 号	ISBN 978-7-5713-4450-4
定　　　价	98.00元

图书如有印装质量问题，可随时向销售部调换（电话：022-87893668）。

目录

1 顶面节点

2 地面节点

3 墙面节点

1

顶面节点

1.1 轻钢龙骨吊顶·纸面石膏板留缝

a. 施工工序

施工准备—现场放线—固定膨胀螺栓—吊装轻钢龙骨—封装石膏板—批腻子—乳胶漆饰面

b. 用料及工艺分析

① 全丝吊筋直径应取 8 mm 及以上。直径 8 mm 及以上规格的吊筋一般用在上人吊顶。

② 主龙骨取高度 50 mm、宽度 15 mm，间距 900 mm，壁厚应取 1.2 mm 及以上。壁厚 1.2 mm 及以上规格的主龙骨用在上人吊顶。

③ 覆面（副）龙骨取高度 20 mm、宽度 50 mm，壁厚应取 0.6 mm 及以上。壁厚 0.6 mm 及以上规格的覆面龙骨用在上人吊顶。

④ 龙骨、吊件和吊筋用膨胀螺栓与钢筋混凝土板或钢架转换层固定。

⑤ 9.5 mm 厚或 12 mm 厚纸面石膏板，用自攻螺钉与覆面龙骨固定，自攻螺钉应嵌入石膏板 1 ~ 2 mm，并涂刷防锈漆。

⑥ 第二层石膏板留缝或拼花，用自攻螺钉固定在覆面龙骨上。

⑦ 满刮 2 mm 厚面层腻子，涂料饰面。

⑧ 面积较大的石膏板吊顶需注意起拱的问题，坡度按 1 ： 200 设定。

⑨ 施工完成，做成品保护。

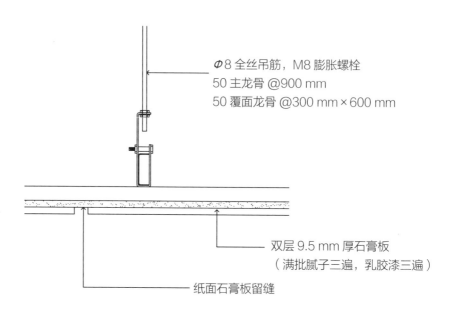

Φ8 全丝吊筋，M8 膨胀螺栓
50 主龙骨 @900 mm
50 覆面龙骨 @300 mm×600 mm

双层 9.5 mm 厚石膏板
（满批腻子三遍，乳胶漆三遍）

纸面石膏板留缝

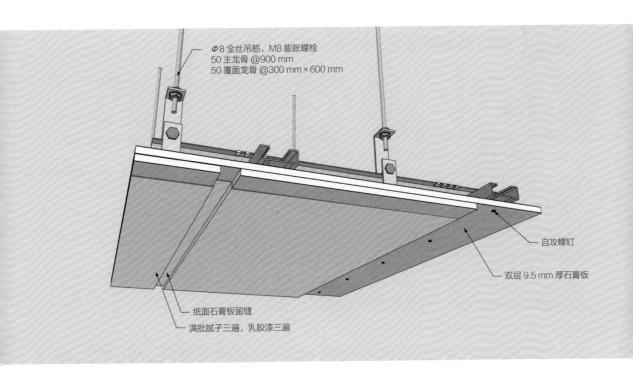

φ8 全丝吊筋，M8 膨胀螺栓
50 主龙骨 @900 mm
50 覆面龙骨 @300 mm×600 mm

自攻螺钉

双层 9.5 mm 厚石膏板

纸面石膏板留缝

满批腻子三遍，乳胶漆三遍

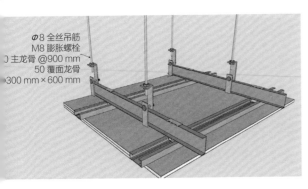

φ8 全丝吊筋
M8 膨胀螺栓
0 主龙骨 @900 mm
50 覆面龙骨
300 mm×600 mm

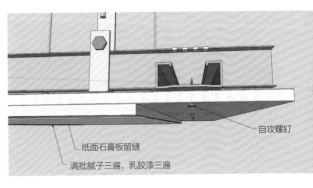

自攻螺钉

纸面石膏板留缝

满批腻子三遍，乳胶漆三遍

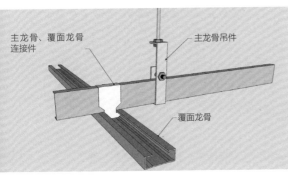

主龙骨、覆面龙骨
连接件

主龙骨吊件

覆面龙骨

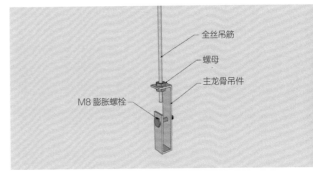

全丝吊筋

螺母

主龙骨吊件

M8 膨胀螺栓

1.2　纸面石膏板吊顶·灯槽

a. 施工工序

施工准备—现场放线—膨胀螺栓固定—吊装轻钢龙骨（固定吊筋—固定吊件—安装主龙骨—安装主龙骨、覆面龙骨卡件—安装覆面龙骨）—石膏板封装—批腻子—乳胶漆饰面

b. 用料及工艺分析

① 全丝吊筋直径应取 8 mm 及以上。直径 8 mm 及以上规格的吊筋一般用在上人吊顶。

② 主龙骨取高度 50 mm、宽度 15 mm，间距 900 mm，壁厚应取 1.2 mm 及以上。壁厚 1.2 mm 及以上规格的主龙骨用在上人吊顶。

③ 覆面龙骨取高度 20 mm、宽度 50 mm，壁厚应取 0.6 mm 及以上。壁厚 0.6 mm 及以上规格的覆面龙骨用在上人吊顶。

④ 石膏板吊顶沿墙边缘宜留出 10 mm 宽的槽，可以削弱因墙面不平造成墙顶交界阴角不直的视觉观感。

⑤ 9.5 mm 厚或 12 mm 厚纸面石膏板，用自攻螺钉与龙骨固定。

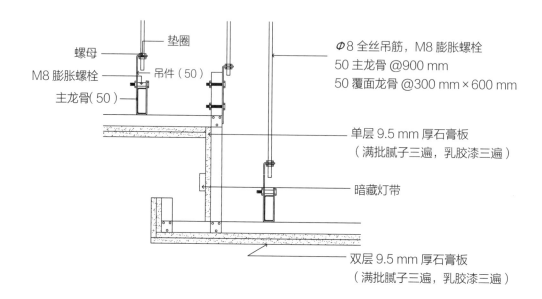

垫圈
螺母
M8 膨胀螺栓
吊件（50）
主龙骨（50）

Φ8 全丝吊筋，M8 膨胀螺栓
50 主龙骨 @900 mm
50 覆面龙骨 @300 mm×600 mm

单层 9.5 mm 厚石膏板
（满批腻子三遍，乳胶漆三遍）

暗藏灯带

双层 9.5 mm 厚石膏板
（满批腻子三遍，乳胶漆三遍）

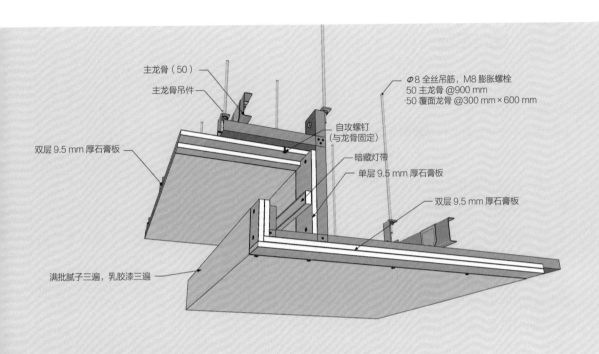

主龙骨（50）

主龙骨吊件

双层 9.5 mm 厚石膏板

满批腻子三遍，乳胶漆三遍

φ8 全丝吊筋，M8 膨胀螺栓
50 主龙骨 @900 mm
50 覆面龙骨 @300 mm×600 mm

自攻螺钉
（与龙骨固定）

暗藏灯带

单层 9.5 mm 厚石膏板

双层 9.5 mm 厚石膏板

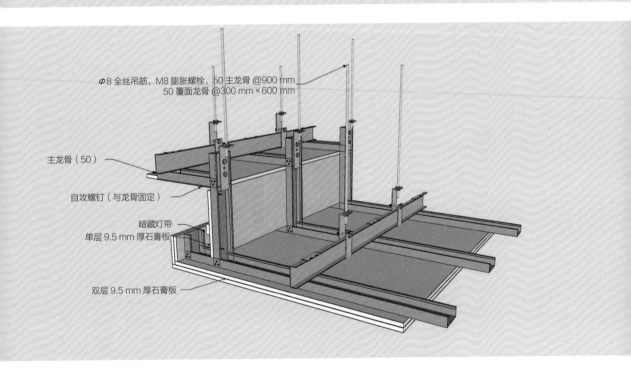

φ8 全丝吊筋，M8 膨胀螺栓，50 主龙骨 @900 mm
50 覆面龙骨 @300 mm×600 mm

主龙骨（50）

自攻螺钉（与龙骨固定）

暗藏灯带

单层 9.5 mm 厚石膏板

双层 9.5 mm 厚石膏板

1.3 硬包吊顶

a. 施工工序

施工准备—现场放线—吊装轻钢龙骨—多层板打底—安装硬包饰面—完成面保护

b. 用料及工艺分析

① 全丝吊筋直径应取 8 mm 及以上。直径 8 mm 及以上规格的吊筋一般用在上人吊顶。

② 主龙骨取高度 50 mm、宽度 15 mm，间距 900 mm，壁厚应取 1.2 mm 及以上。壁厚 1.2 mm 及以上规格的主龙骨用在上人吊顶。

③ 覆面龙骨取高度 20 mm、宽度 50 mm，壁厚应取 0.6 mm 及以上。壁厚 0.6 mm 及以上规格的覆面龙骨用在上人吊顶。

④ 石膏板吊顶沿墙边缘宜留出 10 mm 宽的槽，可以削弱因墙面不平造成墙顶交界阴角不直的视觉观感。

⑤ 确保基面平整、干燥，硬包多层板基层应先刷清油，做防腐、防霉处理，防止以后变形。梅雨季节可用石膏板代替多层板进行施工。

⑥ 多层板基层用自攻螺钉与龙骨固定。

⑦ 硬包饰面为场外加工成品，用枪钉从侧面固定。

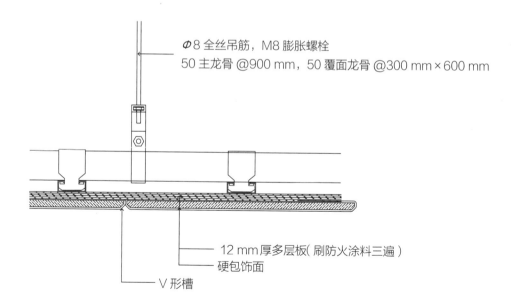

Φ8 全丝吊筋，M8 膨胀螺栓
50 主龙骨 @900 mm，50 覆面龙骨 @300 mm × 600 mm

12 mm 厚多层板（刷防火涂料三遍）
硬包饰面
V 形槽

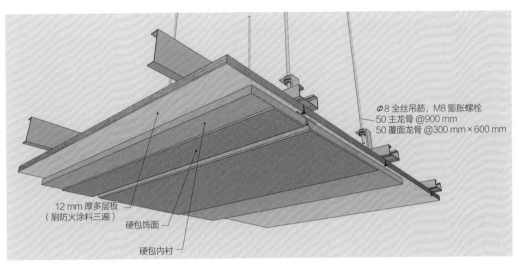

φ8 全丝吊筋，M8 膨胀螺栓
50 主龙骨 @900 mm
50 覆面龙骨 @300 mm×600 mm

12 mm 厚多层板
（刷防火涂料三遍）

硬包饰面

硬包内衬

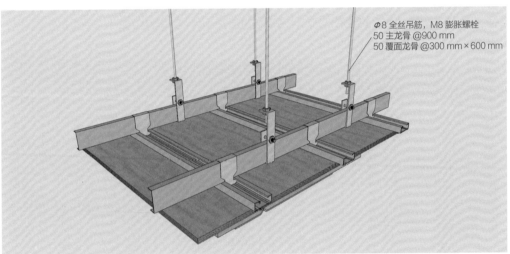

φ8 全丝吊筋，M8 膨胀螺栓
50 主龙骨 @900 mm
50 覆面龙骨 @300 mm×600 mm

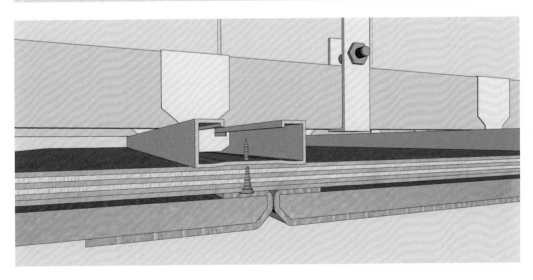

a. 施工工序

施工准备—现场放线—搭建轻钢龙骨框架—构造多层板顶面造型—安装石膏板罩面—腻子找平—乳胶漆饰面

b. 用料及工艺分析

① 全丝吊筋直径应取 8 mm 及以上。直径 8 mm 及以上规格的吊筋一般用在上人吊顶。

② 主龙骨取高度 50 mm、宽度 15 mm，间距 900 mm，壁厚应取 1.2 mm 及以上。壁厚 1.2 mm 及以上规格的主龙骨用在上人吊顶。

③ 覆面龙骨取高度 20 mm、宽度 50 mm，壁厚应取 0.6 mm 及以上。壁厚 0.6 mm 及以上规格的覆面龙骨用在上人吊顶。

④ 多层板基层及木龙骨需做防火处理，用自攻螺钉与龙骨固定。

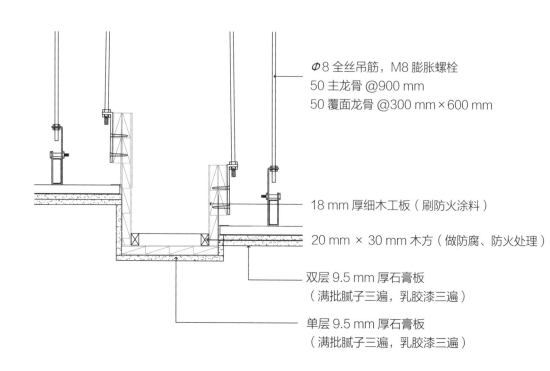

Φ8 全丝吊筋，M8 膨胀螺栓
50 主龙骨 @900 mm
50 覆面龙骨 @300 mm×600 mm

18 mm 厚细木工板（刷防火涂料）

20 mm × 30 mm 木方（做防腐、防火处理）

双层 9.5 mm 厚石膏板
（满批腻子三遍，乳胶漆三遍）

单层 9.5 mm 厚石膏板
（满批腻子三遍，乳胶漆三遍）

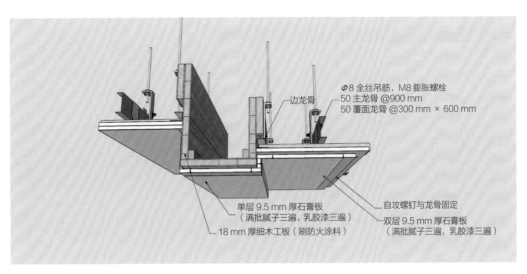

Φ8 全丝吊筋，M8 膨胀螺栓
50 主龙骨 @900 mm
50 覆面龙骨 @300 mm × 600 mm

边龙骨

单层 9.5 mm 厚石膏板
（满批腻子三遍，乳胶漆三遍）

18 mm 厚细木工板（刷防火涂料）

自攻螺钉与龙骨固定

双层 9.5 mm 厚石膏板
（满批腻子三遍，乳胶漆三遍）

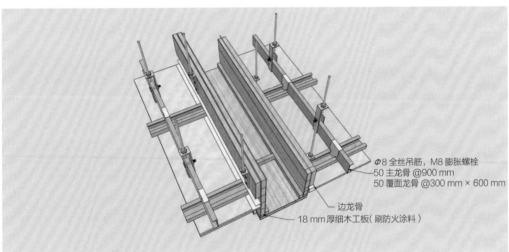

Φ8 全丝吊筋，M8 膨胀螺栓
50 主龙骨 @900 mm
50 覆面龙骨 @300 mm × 600 mm

边龙骨

18 mm 厚细木工板（刷防火涂料）

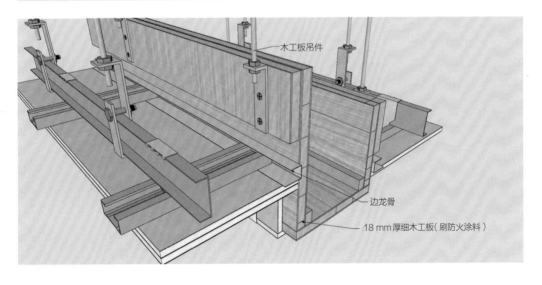

木工板吊件

边龙骨

18 mm 厚细木工板（刷防火涂料）

1.5 纸面石膏板跌级吊顶·实木角线

a. 施工工序

施工准备—现场放线—固定轻钢龙骨框架—在轻钢龙骨覆面龙骨上固定多层板—安装石膏板罩面—腻子找平—乳胶漆饰面—成品实木角线安装

b. 用料及工艺分析

① 用膨胀螺栓将龙骨吸顶吊件固定在钢筋混凝土板或钢架转换层上。

② 用 φ8 全丝吊筋和配件固定 50 或 60 主龙骨，间距 900 mm。

③ 依次固定 50 覆面龙骨。

④ 木工板基层，表面粘贴 9.5 mm 厚或 12 mm 厚纸面石膏板，用自攻螺钉或枪钉固定。

⑤ 放线，用中性硅酮胶粘贴不锈钢，打法需根据饰面自重来决定，不能杂乱打胶，粘贴后需用固定物固定，24 小时后方可拿走固定物。

⑥ 实木角线用自攻螺钉与硅酮胶固定。饰面完成后，注意做成品保护。

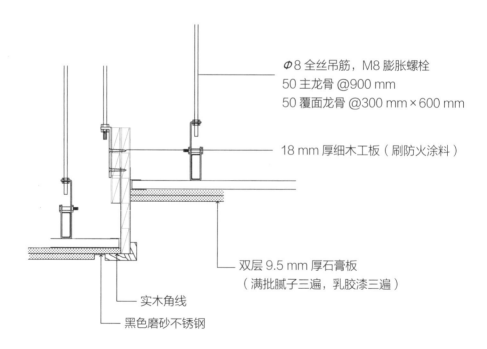

φ8 全丝吊筋，M8 膨胀螺栓
50 主龙骨 @900 mm
50 覆面龙骨 @300 mm × 600 mm

18 mm 厚细木工板（刷防火涂料）

双层 9.5 mm 厚石膏板
（满批腻子三遍，乳胶漆三遍）

实木角线

黑色磨砂不锈钢

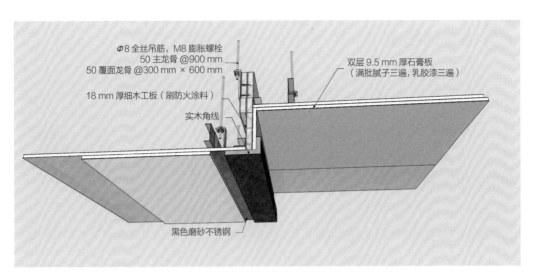

Φ8 全丝吊筋，M8 膨胀螺栓
50 主龙骨 @900 mm
50 覆面龙骨 @300 mm × 600 mm

18 mm 厚细木工板（刷防火涂料）

实木角线

双层 9.5 mm 厚石膏板
（满批腻子三遍，乳胶漆三遍）

黑色磨砂不锈钢

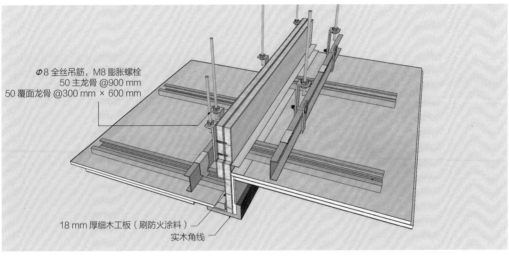

Φ8 全丝吊筋，M8 膨胀螺栓
50 主龙骨 @900 mm
50 覆面龙骨 @300 mm × 600 mm

18 mm 厚细木工板（刷防火涂料）

实木角线

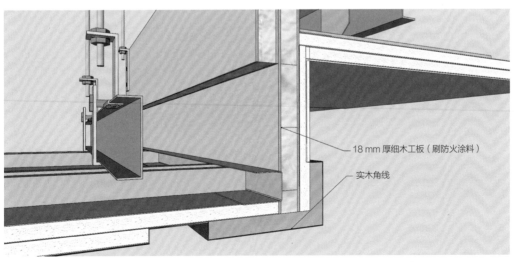

18 mm 厚细木工板（刷防火涂料）

实木角线

1.6 木饰面吊顶

a. 施工工序

施工准备—现场放线—固定轻钢龙骨框架—多层板打底—固定木挂条—安装实木挂板—成品保护

b. 用料及工艺分析

① 木工板基层需平整，并做防腐、防潮处理。

② 根据木饰面自身情况选择相适应的挂条。

③ 木饰面面积不大，可以直接在木工板上粘贴。

④ 木饰面背面需封漆，避免因只涂刷单面油漆造成的双面受力不均，从而导致木饰面变形。

⑤ 用膨胀螺栓将龙骨吸顶吊件固定在钢筋混凝土板或钢架转换层上。

⑥ 用 Φ8 全丝吊筋和配件固定 50 主龙骨，间距 900 mm，再依次固定 50 覆面龙骨。

⑦ 用自攻螺钉将 12 mm 厚木工板或多层板基层与龙骨固定。

⑧ 饰面材料安装完成，进行油漆修补及成品保护。

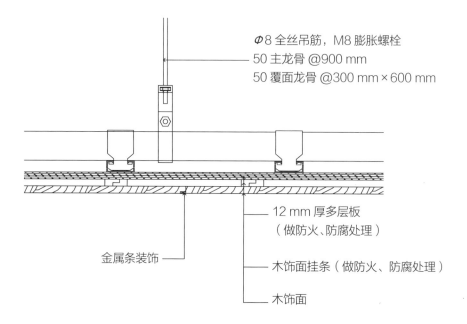

Φ8 全丝吊筋，M8 膨胀螺栓
50 主龙骨 @900 mm
50 覆面龙骨 @300 mm × 600 mm

12 mm 厚多层板
（做防火、防腐处理）

金属条装饰

木饰面挂条（做防火、防腐处理）

木饰面

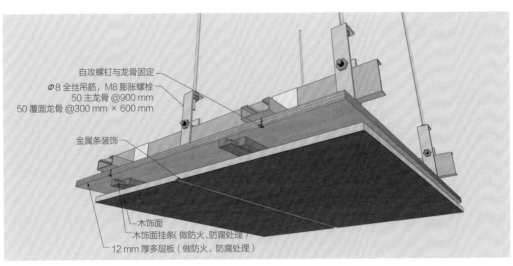

自攻螺钉与龙骨固定

Φ8 全丝吊筋，M8 膨胀螺栓
50 主龙骨 @900 mm
50 覆面龙骨 @300 mm × 600 mm

金属条装饰

木饰面
木饰面挂条（做防火、防腐处理）
12 mm 厚多层板（做防火、防腐处理）

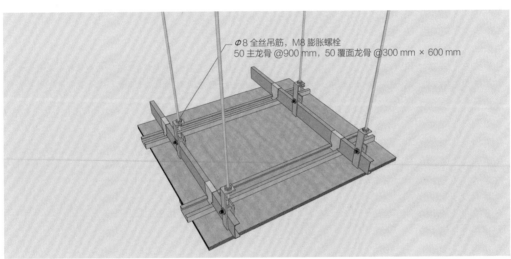

Φ8 全丝吊筋，M8 膨胀螺栓
50 主龙骨 @900 mm，50 覆面龙骨 @300 mm × 600 mm

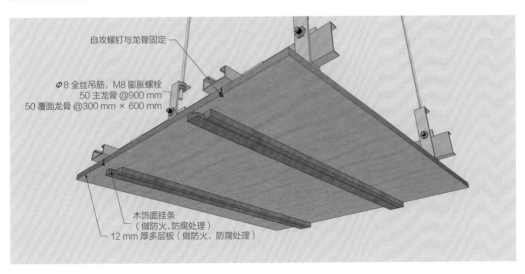

自攻螺钉与龙骨固定

Φ8 全丝吊筋，M8 膨胀螺栓
50 主龙骨 @900 mm
50 覆面龙骨 @300 mm × 600 mm

木饰面挂条
（做防火、防腐处理）
12 mm 厚多层板（做防火、防腐处理）

1.7 暗龙骨矿棉板吊顶

a. 施工工序

施工准备—现场放线—固定轻钢龙骨框架—安装矿棉板专用吊件—固定矿棉板主龙骨、覆面龙骨—安装矿棉板—成品保护

b. 用料及工艺分析

① 主龙骨沿房间的长边方向排布，注意避开灯具位置。

② 当灯具或重型设备与全丝吊筋相遇时，应增加全丝吊筋，严禁安装在龙骨上。

③ 用膨胀螺栓将龙骨吊件栓固定在钢筋混凝土板或钢架转换层上。

④ 用 ϕ8 全丝吊筋和配件固定 50 主龙骨，间距 900 ~ 1200 mm。

⑤ 靠墙安装边龙骨。

⑥ 随矿棉板安装配套的小龙骨，操作工人在安装时需戴白手套，以防止污染。

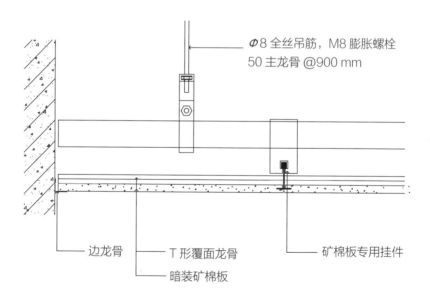

ϕ8 全丝吊筋，M8 膨胀螺栓
50 主龙骨 @900 mm

边龙骨　　　T 形覆面龙骨　　　矿棉板专用挂件

暗装矿棉板

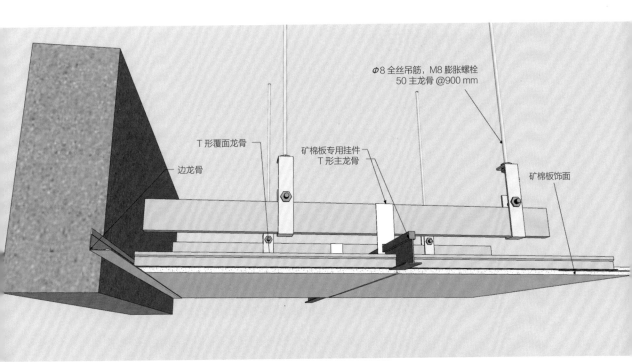

Φ8 全丝吊筋，M8 膨胀螺栓
50 主龙骨 @900 mm

T 形覆面龙骨

矿棉板专用挂件
T 形主龙骨

矿棉板饰面

边龙骨

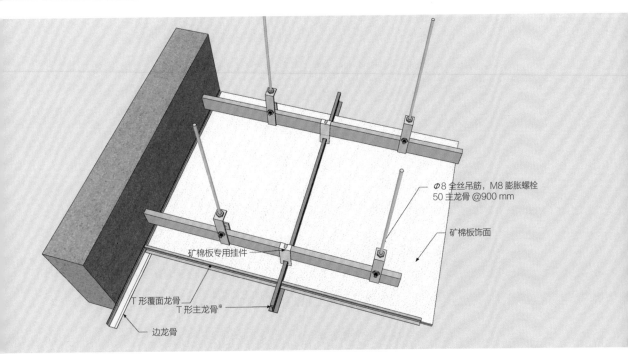

Φ8 全丝吊筋，M8 膨胀螺栓
50 主龙骨 @900 mm

矿棉板饰面

矿棉板专用挂件

T 形覆面龙骨

T 形主龙骨※

边龙骨

※ 专业名称为矿棉板吊棚专用明装主龙骨。

1.8 明龙骨矿棉板吊顶

a. 施工工序

施工准备—现场放线—固定轻钢龙骨框架—安装矿棉板专用吊件—固定矿棉板主龙骨、覆面龙骨—安装矿棉板—成品保护

b. 用料及工艺分析

① 注意调节挂件，保证每块矿棉板缝隙大小一样。

② 当灯具或重型设备与全丝吊筋相遇时，应增加全丝吊筋，严禁安装在龙骨上。

③ 将矿棉板直接搁置在覆面龙骨组成的框格内，覆面龙骨翼缘上不需要固定。

④ 安装应在自由状态下进行。应先制作一个标准尺杆，将其卡在两个龙骨之间，用来控制龙骨间距，注意将龙骨调直。

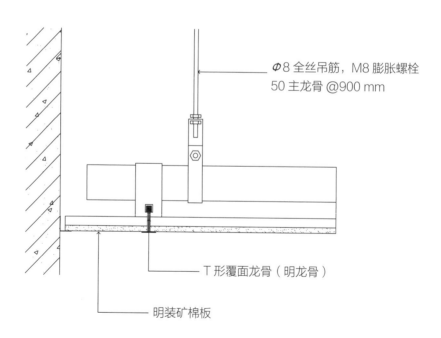

φ8 全丝吊筋，M8 膨胀螺栓
50 主龙骨 @900 mm

T 形覆面龙骨（明龙骨）

明装矿棉板

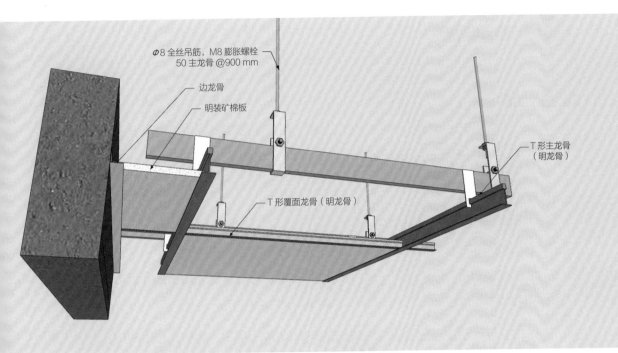

Φ8 全丝吊筋，M8 膨胀螺栓
50 主龙骨 @900 mm

边龙骨

明装矿棉板

T 形主龙骨
（明龙骨）

T 形覆面龙骨（明龙骨）

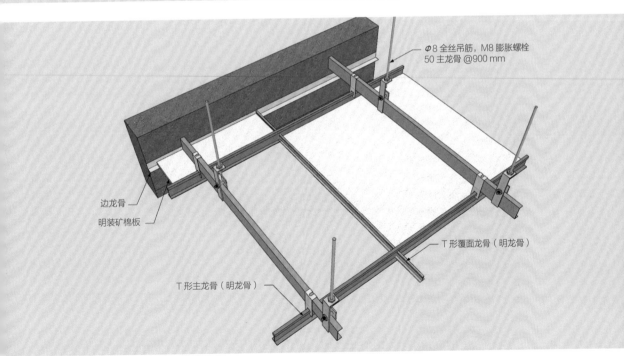

Φ8 全丝吊筋，M8 膨胀螺栓
50 主龙骨 @900 mm

边龙骨

明装矿棉板

T 形覆面龙骨（明龙骨）

T 形主龙骨（明龙骨）

1.9 空调风管

a. 施工工序

施工准备—现场放线—吊筋吊装角钢—固定风管—固定轻钢龙骨框架—双层石膏板饰面—腻子找平—乳胶漆饰面

b. 用料及工艺分析

① 风管需用专用吊筋固定，不能搭在吊顶龙骨上。

② 注意风口和吊顶之间的距离以及灯具的高度，确保给灯具留有足够的空间。

③ 根据图纸安装空调风管，打吊筋，钢架转换层通过膨胀螺栓与钢筋混凝土楼板固定。

④ 用 ϕ8 全丝吊筋和配件固定 50 主龙骨，间距 900 mm。

⑤ 依次固定 50 覆面龙骨，间距 400 mm。

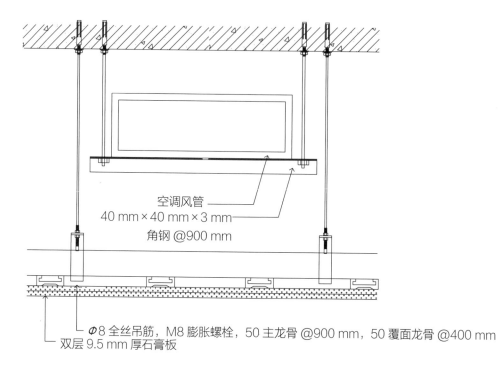

空调风管
40 mm × 40 mm × 3 mm
角钢 @900 mm

ϕ8 全丝吊筋，M8 膨胀螺栓，50 主龙骨 @900 mm，50 覆面龙骨 @400 mm
双层 9.5 mm 厚石膏板

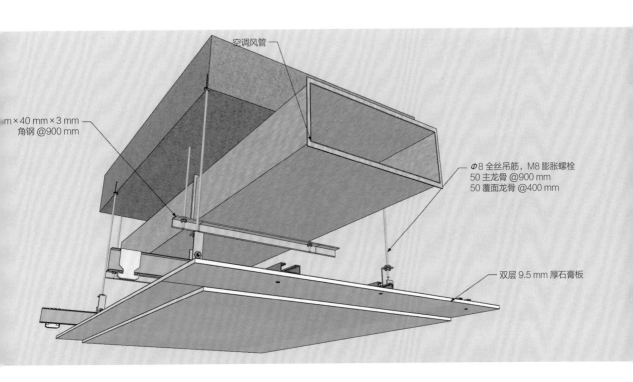

空调风管

m×40 mm×3 mm
角钢 @900 mm

ϕ8 全丝吊筋，M8 膨胀螺栓
50 主龙骨 @900 mm
50 覆面龙骨 @400 mm

双层 9.5 mm 厚石膏板

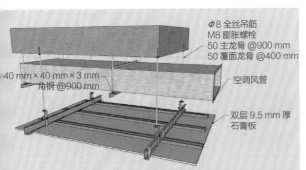

ϕ8 全丝吊筋
M8 膨胀螺栓
50 主龙骨 @900 mm
50 覆面龙骨 @400 mm

40 mm×40 mm×3 mm
角钢 @900 mm

空调风管

双层 9.5 mm 厚
石膏板

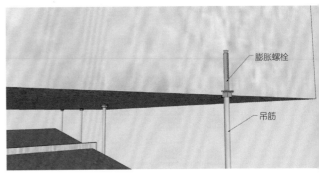

膨胀螺栓

吊筋

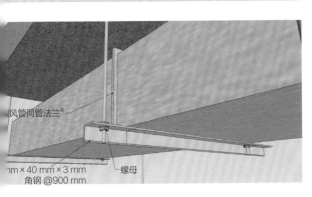

风管伺管法兰※

m×40 mm×3 mm
角钢 @900 mm

螺母

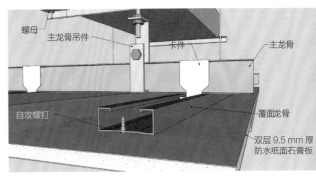

螺母

主龙骨吊件

卡件

主龙骨

自攻螺钉

覆面龙骨

双层 9.5 mm 厚
防水纸面石膏板

※ 同管法兰，指用于连接两个风管的连接件。对于空调风管来说，除同管法兰外，还有角钢法兰。

1.10 石材口线干挂

a. 施工工序

施工准备—现场放线—主材定制场外加工—膨胀螺栓固定角钢—多层板打底—干挂件调平—石材干挂—烤漆玻璃安装—完成面处理

b. 用料及工艺分析

① 石材干挂件的尺寸需精准，工艺缝需处理得当，材质收口要完整。

② 用膨胀螺栓将热镀锌角钢与钢筋混凝土墙固定。

③ 12 mm 厚多层板（刷防火、防腐涂料各三遍）用自攻螺钉与墙面固定。

④ 石材见光面整体做打磨抛光处理。

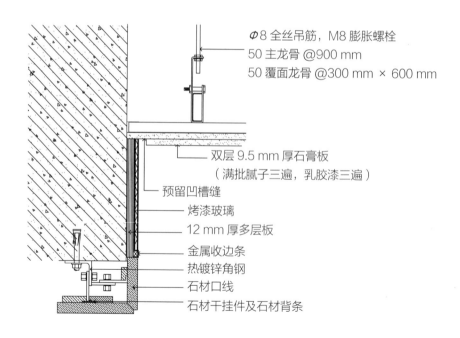

Φ8 全丝吊筋，M8 膨胀螺栓
50 主龙骨 @900 mm
50 覆面龙骨 @300 mm × 600 mm

双层 9.5 mm 厚石膏板
（满批腻子三遍，乳胶漆三遍）

预留凹槽缝

烤漆玻璃

12 mm 厚多层板

金属收边条

热镀锌角钢

石材口线

石材干挂件及石材背条

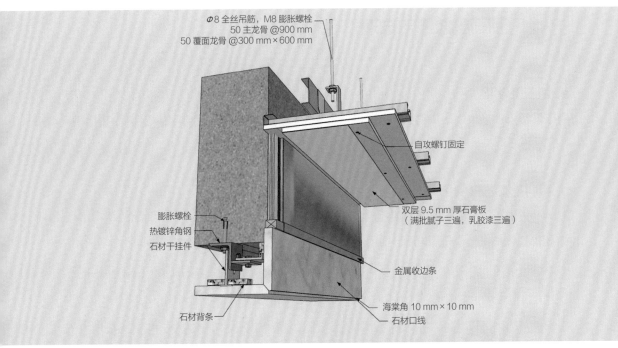

Φ8 全丝吊筋，M8 膨胀螺栓
50 主龙骨 @900 mm
50 覆面龙骨 @300 mm×600 mm

自攻螺钉固定

双层 9.5 mm 厚石膏板
（满批腻子三遍，乳胶漆三遍）

膨胀螺栓
热镀锌角钢
石材干挂件

金属收边条

海棠角 10 mm×10 mm
石材口线

石材背条

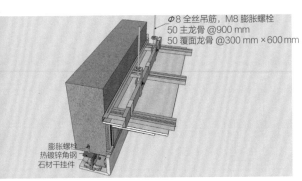

Φ8 全丝吊筋，M8 膨胀螺栓
50 主龙骨 @900 mm
50 覆面龙骨 @300 mm×600 mm

膨胀螺栓
热镀锌角钢
石材干挂件

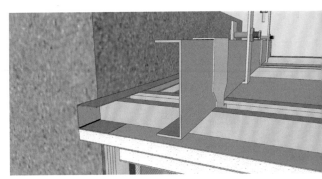

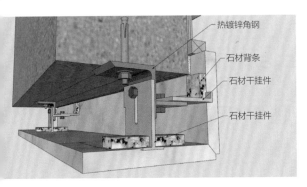

热镀锌角钢

石材背条

石材干挂件

石材干挂件

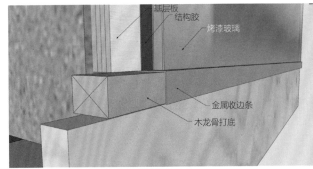

基层板
结构胶
烤漆玻璃

金属收边条
木龙骨打底

1.11 顶面乳胶漆与玻璃

a. 施工工序

施工准备—现场放线—主材定制场外加工—固定轻钢龙骨框架—固定镀锌角钢—用挂件吊挂玻璃—石膏板乳胶漆饰面—铝合金护角与硅酮胶收口—完成面处理

b. 用料及工艺分析

① 镀锌角钢与膨胀螺栓满焊相接固定。

② 横向镀锌角钢与纵向角钢焊接并留 2 ~ 3 mm 宽的缝，用于卡住不锈钢挂件。

③ 成品玻璃上应开好孔，与不锈钢挂件连接。

④ 玻璃干挂在顶面钢架上。

⑤ 制作轻钢龙骨基层，龙骨在钢架处应断开。

⑥ 9.5 mm 厚或 12 mm 厚纸面石膏板，用自攻螺钉与龙骨固定。

⑦ 不锈钢护角在石膏板边角，用硅酮胶收口。

⑧ 注意成品保护。

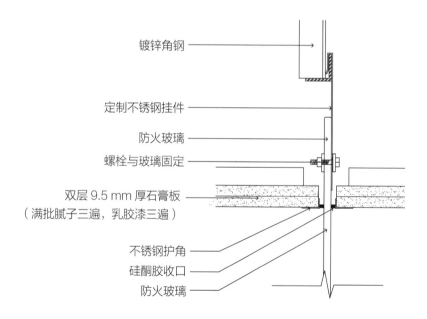

镀锌角钢

定制不锈钢挂件

防火玻璃

螺栓与玻璃固定

双层 9.5 mm 厚石膏板
（满批腻子三遍，乳胶漆三遍）

不锈钢护角

硅酮胶收口

防火玻璃

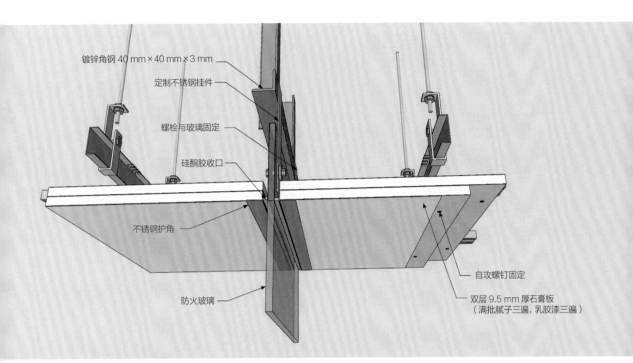

镀锌角钢 40 mm × 40 mm × 3 mm

定制不锈钢挂件

螺栓与玻璃固定

硅酮胶收口

不锈钢护角

防火玻璃

自攻螺钉固定

双层 9.5 mm 厚石膏板
（满批腻子三遍，乳胶漆三遍）

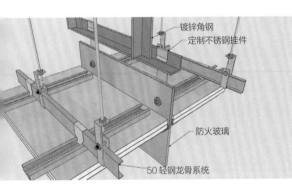

镀锌角钢
定制不锈钢挂件

防火玻璃

50 轻钢龙骨系统

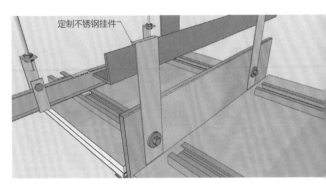

定制不锈钢挂件

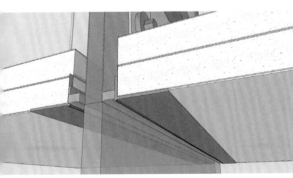

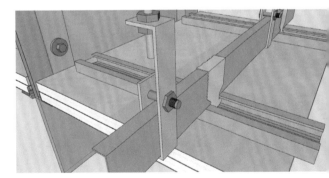

a. 施工工序

施工准备—现场放线—主材定制场外加工—固定轻钢龙骨框架—石膏板乳胶漆饰面—铝板饰面—完成面处理

b. 用料及工艺分析

① 了解铝板特性，控制完成面尺寸，注意安装顺序。

② 安装铝板专用吊件，并与轻钢龙骨固定。

③ 安装铝板，与铝板吊件用螺栓固定。

④ 铝板边缘处加 L 形铝型材收边。

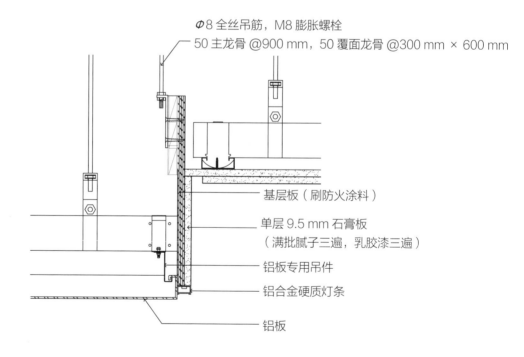

ϕ8 全丝吊筋，M8 膨胀螺栓

50 主龙骨 @900 mm，50 覆面龙骨 @300 mm × 600 mm

基层板（刷防火涂料）

单层 9.5 mm 石膏板
（满批腻子三遍，乳胶漆三遍）

铝板专用吊件

铝合金硬质灯条

铝板

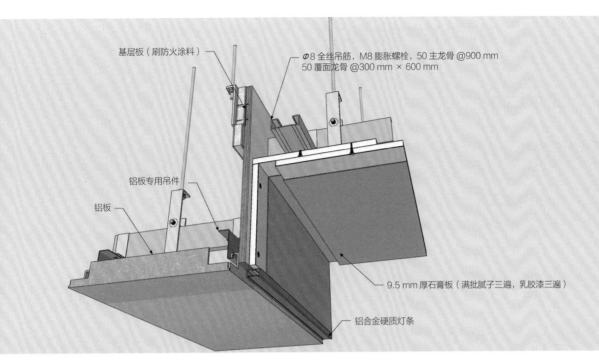

基层板（刷防火涂料）

Φ8 全丝吊筋，M8 膨胀螺栓，50 主龙骨 @900 mm
50 覆面龙骨 @300 mm × 600 mm

铝板专用吊件

铝板

9.5 mm 厚石膏板（满批腻子三遍，乳胶漆三遍）

铝合金硬质灯条

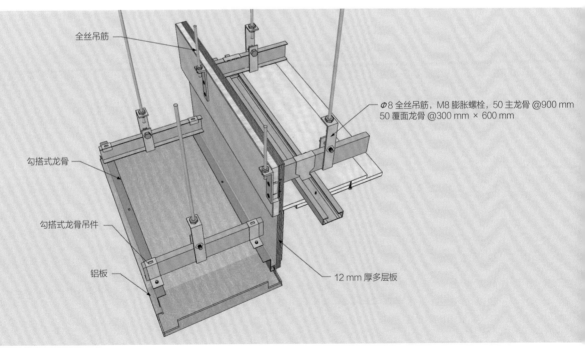

全丝吊筋

Φ8 全丝吊筋，M8 膨胀螺栓，50 主龙骨 @900 mm
50 覆面龙骨 @300 mm × 600 mm

勾搭式龙骨

勾搭式龙骨吊件

铝板

12 mm 厚多层板

1.13 顶面乳胶漆与金属口线

a. 施工工序

施工准备—现场放线—主材定制场外加工—固定轻钢龙骨框架—木龙骨木工板打底—石膏板乳胶漆饰面—不锈钢板饰面—完成面处理

b. 用料及工艺分析

① 注意安装顺序及完成面尺寸的控制，不同材质收口需精细。

② 9.5 mm 厚或 12 mm 厚纸面石膏板，用自攻螺钉固定在龙骨上。

③ 纸面石膏板边缘预留 20 mm 宽工艺缝。悬浮顶棚可以提高顶棚的视觉平直度。

④ 安装 1.5 mm 厚拉丝不锈钢饰面，用结构胶与基层板固定。

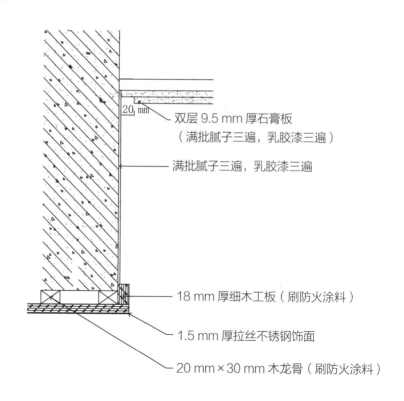

20 mm

—— 双层 9.5 mm 厚石膏板
（满批腻子三遍，乳胶漆三遍）

—— 满批腻子三遍，乳胶漆三遍

—— 18 mm 厚细木工板（刷防火涂料）

—— 1.5 mm 厚拉丝不锈钢饰面

—— 20 mm × 30 mm 木龙骨（刷防火涂料）

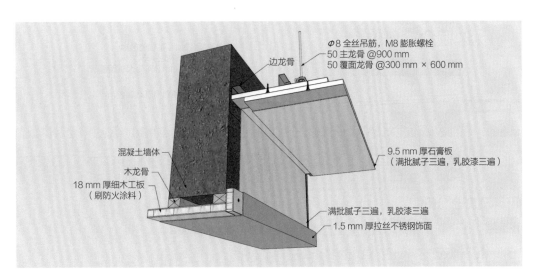

Φ8 全丝吊筋，M8 膨胀螺栓
50 主龙骨 @900 mm
50 覆面龙骨 @300 mm × 600 mm

边龙骨

混凝土墙体

木龙骨
18 mm 厚细木工板
（刷防火涂料）

9.5 mm 厚石膏板
（满批腻子三遍，乳胶漆三遍）

满批腻子三遍，乳胶漆三遍
1.5 mm 厚拉丝不锈钢饰面

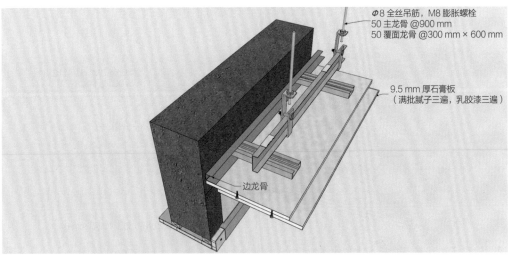

Φ8 全丝吊筋，M8 膨胀螺栓
50 主龙骨 @900 mm
50 覆面龙骨 @300 mm × 600 mm

9.5 mm 厚石膏板
（满批腻子三遍，乳胶漆三遍）

边龙骨

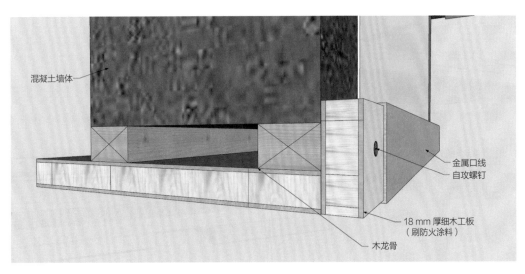

混凝土墙体

金属口线
自攻螺钉

18 mm 厚细木工板
（刷防火涂料）

木龙骨

a. 施工工序

施工准备—现场放线—主材定制场外加工—固定轻钢龙骨框架—多层板打底—石膏板乳胶漆饰面—安装不锈钢板饰面—完成面处理

b. 用料及工艺分析

① 精准控制不锈钢尺寸，注意安装顺序，不同材质收口预留工艺缝。

② 9.5 mm 厚纸面石膏板，用自攻螺钉与龙骨固定。

③ 多层板（刷防火、防腐涂料各三遍）用自攻螺钉固定在轻钢龙骨上。

④ 石膏板与不锈钢基层留 20 mm 宽间隙。

⑤ 安装不锈钢板饰面，注意成品保护。

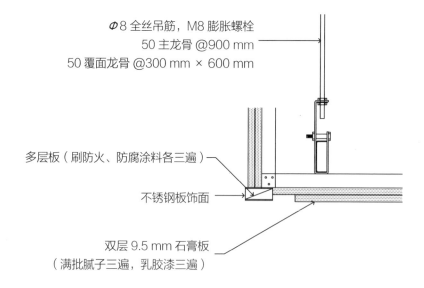

Φ8 全丝吊筋，M8 膨胀螺栓
50 主龙骨 @900 mm
50 覆面龙骨 @300 mm × 600 mm

多层板（刷防火、防腐涂料各三遍）

不锈钢板饰面

双层 9.5 mm 石膏板
（满批腻子三遍，乳胶漆三遍）

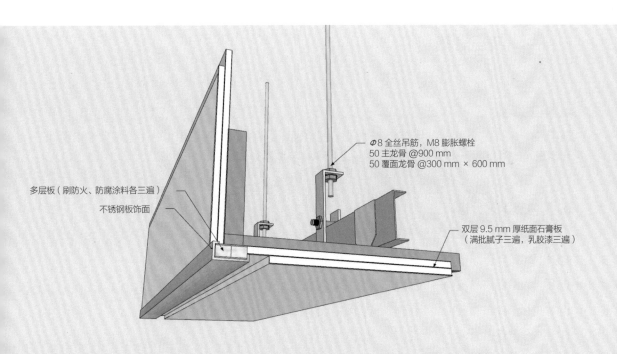

ϕ8 全丝吊筋，M8 膨胀螺栓
50 主龙骨 @900 mm
50 覆面龙骨 @300 mm × 600 mm

多层板（刷防火、防腐涂料各三遍）

不锈钢板饰面

双层 9.5 mm 厚纸面石膏板
（满批腻子三遍，乳胶漆三遍）

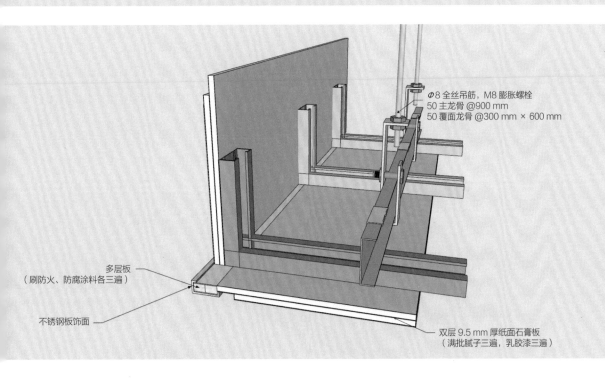

ϕ8 全丝吊筋，M8 膨胀螺栓
50 主龙骨 @900 mm
50 覆面龙骨 @300 mm × 600 mm

多层板
（刷防火、防腐涂料各三遍）

不锈钢板饰面

双层 9.5 mm 厚纸面石膏板
（满批腻子三遍，乳胶漆三遍）

1.15　玻璃灯箱

a. 施工工序

施工准备—现场放线—主材定制场外加工—固定轻钢龙骨框架—吊装木工板基层框架专用吊件—石膏板乳胶漆饰面—安装 LED 灯具—安装玻璃—完成面处理

b. 用料及工艺分析

① 轻钢主龙骨、覆面龙骨基层制作，定位平整。

② 吊装木工板基层框架专用吊件。

③ 用自攻螺钉将 9.5 mm 厚纸面石膏板固定在龙骨上。

④ 将透光玻璃放置在拉丝不锈钢护角上方，无须打胶，方便检修。

⑤ 注意成品保护。

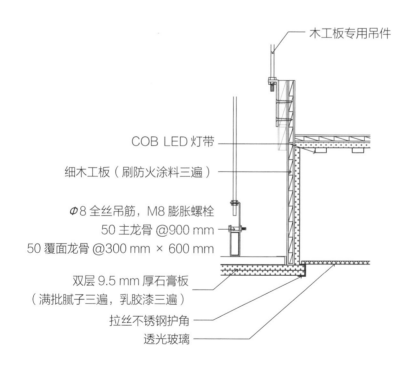

- 木工板专用吊件
- COB LED 灯带
- 细木工板（刷防火涂料三遍）
- ⌀8 全丝吊筋，M8 膨胀螺栓
- 50 主龙骨 @900 mm
- 50 覆面龙骨 @300 mm × 600 mm
- 双层 9.5 mm 厚石膏板（满批腻子三遍，乳胶漆三遍）
- 拉丝不锈钢护角
- 透光玻璃

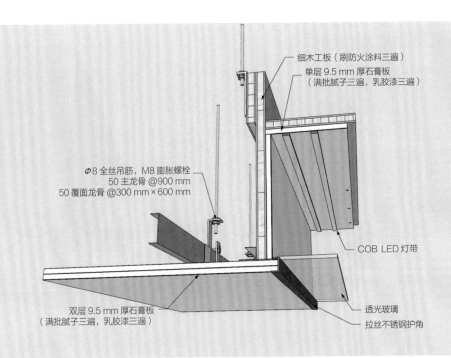

细木工板（刷防火涂料三遍）

单层 9.5 mm 厚石膏板
（满批腻子三遍，乳胶漆三遍）

Φ8 全丝吊筋，M8 膨胀螺栓
50 主龙骨 @900 mm
50 覆面龙骨 @300 mm×600 mm

COB LED 灯带

双层 9.5 mm 厚石膏板
（满批腻子三遍，乳胶漆三遍）

透光玻璃

拉丝不锈钢护角

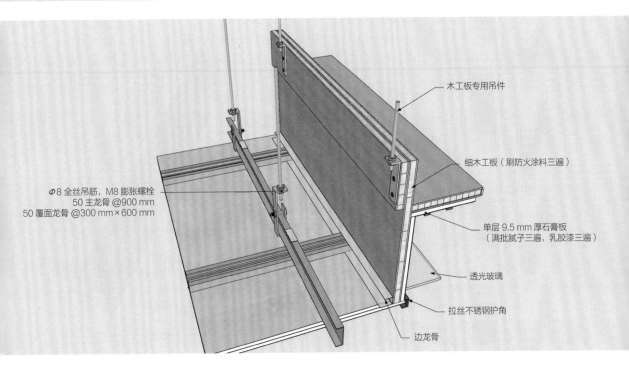

木工板专用吊件

Φ8 全丝吊筋，M8 膨胀螺栓
50 主龙骨 @900 mm
50 覆面龙骨 @300 mm×600 mm

细木工板（刷防火涂料三遍）

单层 9.5 mm 厚石膏板
（满批腻子三遍，乳胶漆三遍）

透光玻璃

拉丝不锈钢护角

边龙骨

1.16 叠级吊棚与复合墙板

a. 施工工序

施工准备—现场放线—主材定制场外加工—固定轻钢龙骨框架—细木工板打底—石膏板乳胶漆饰面—安装复合墙板—完成面处理

b. 用料及工艺分析

① 轻钢主龙骨、覆面龙骨基层制作，选用 50 主龙骨、50 覆面龙骨、M8 全丝吊筋及膨胀螺栓。

② 18 mm 厚细木工板（刷防火涂料三遍）用自攻螺钉固定于轻钢龙骨处。

③ 9.5 mm 厚纸面石膏板，用自攻螺钉固定在龙骨上。

④ 用墙板专用卡件安装复合墙板。

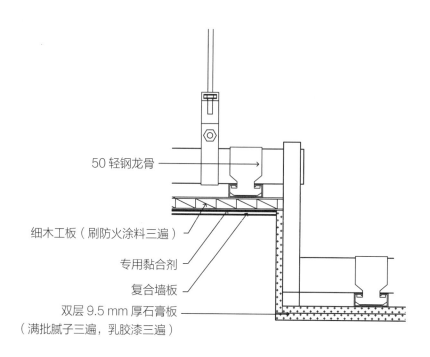

50 轻钢龙骨

细木工板（刷防火涂料三遍）

专用黏合剂

复合墙板

双层 9.5 mm 厚石膏板
（满批腻子三遍，乳胶漆三遍）

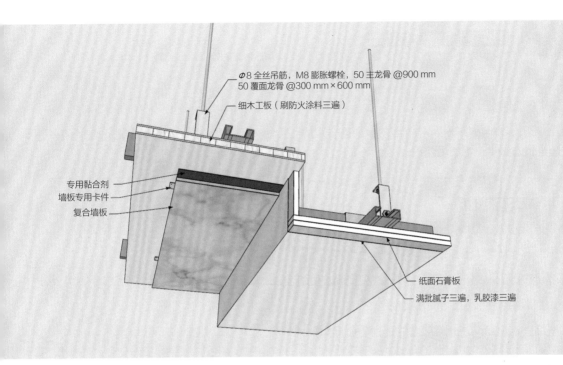

Φ8 全丝吊筋，M8 膨胀螺栓，50 主龙骨 @900 mm
50 覆面龙骨 @300 mm×600 mm

细木工板（刷防火涂料三遍）

专用黏合剂
墙板专用卡件
复合墙板

纸面石膏板

满批腻子三遍，乳胶漆三遍

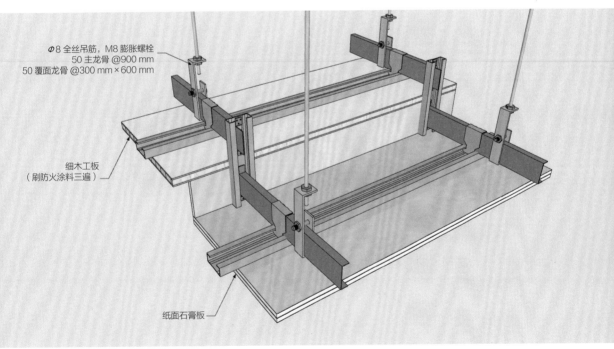

Φ8 全丝吊筋，M8 膨胀螺栓
50 主龙骨 @900 mm
50 覆面龙骨 @300 mm×600 mm

细木工板
（刷防火涂料三遍）

纸面石膏板

1.17 顶面乳胶漆与镜子

a. 施工工序

施工准备—现场放线—固定轻钢龙骨框架—多层板打底—石膏板封面—乳胶漆饰面—安装镜子—安装金属收边条—完成面处理

b. 用料及工艺分析

① 轻钢主龙骨、覆面龙骨基层制作。

② 将 9.5 mm 厚纸面石膏板用自攻螺钉固定在龙骨上。

③ 多层板基层刷防火涂料，用自攻螺钉固定在龙骨上，做防火、防腐处理。

④ 满刮三遍腻子找平，乳胶漆饰面。

⑤ 安装固定镜子，注意完成面的处理与成品保护。

⑥ 用结构胶安装不锈钢压条。

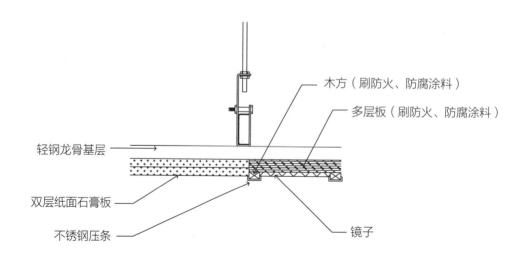

木方（刷防火、防腐涂料）

多层板（刷防火、防腐涂料）

轻钢龙骨基层

双层纸面石膏板

不锈钢压条

镜子

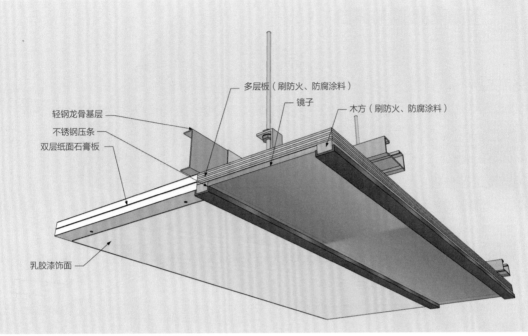

多层板（刷防火、防腐涂料）
镜子
木方（刷防火、防腐涂料）
轻钢龙骨基层
不锈钢压条
双层纸面石膏板
乳胶漆饰面

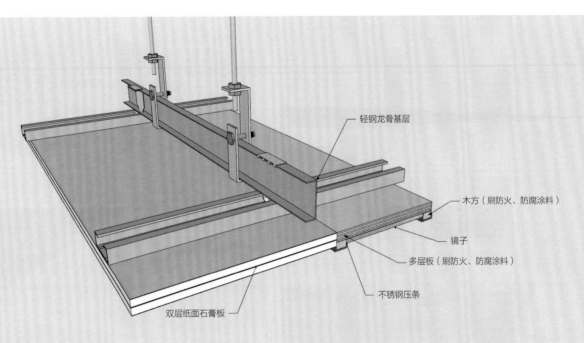

轻钢龙骨基层
木方（刷防火、防腐涂料）
镜子
多层板（刷防火、防腐涂料）
不锈钢压条
双层纸面石膏板

1.18 顶面乳胶漆与风口（1）

a. 施工工序

施工准备—现场放线—主材定制场外加工—固定轻钢龙骨框架—固定木方—石膏板乳胶漆饰面—安装风机—固定风口收边—完成面处理

b. 用料及工艺分析

① 轻钢主龙骨、覆面龙骨基层制作。

② 9.5 mm 厚或 12 mm 厚纸面石膏板，用自攻螺钉固定在龙骨上。

③ 在风口边缘制作木龙骨基层（木饰面做防火处理）。

④ 满刮三遍腻子找平，乳胶漆饰面。

⑤ 安装成品风口，用自攻螺钉固定在木方上。

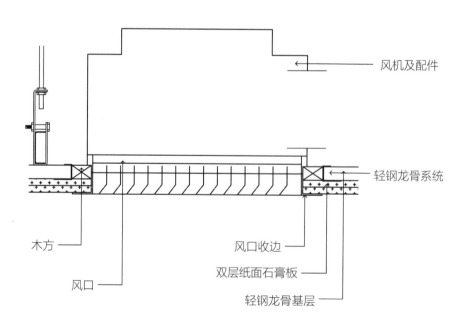

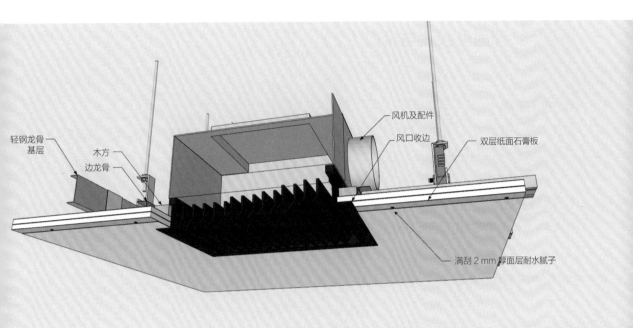

风机及配件

风口收边

双层纸面石膏板

轻钢龙骨基层

边龙骨

满刮 2 mm 厚面层耐水腻子

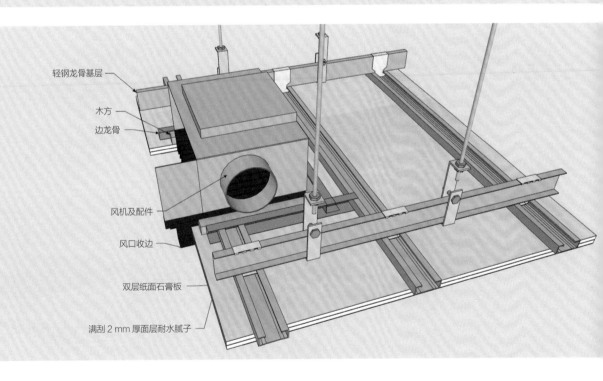

轻钢龙骨基层

木方

边龙骨

风机及配件

风口收边

双层纸面石膏板

满刮 2 mm 厚面层耐水腻子

a. 施工工序

施工准备—现场放线—主材定制场外加工—固定轻钢龙骨框架—石膏板乳胶漆饰面—风口安装—固定风口收边—完成面处理

b. 用料及工艺分析

① 将 9.5 mm 厚或 12 mm 厚纸面石膏板用自攻螺钉固定在龙骨上。

② 根据开好的风口与吊顶的高度确认帆布的大小。

③ 安装空调系统风管。

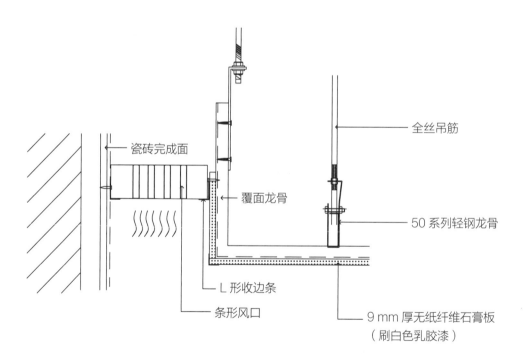

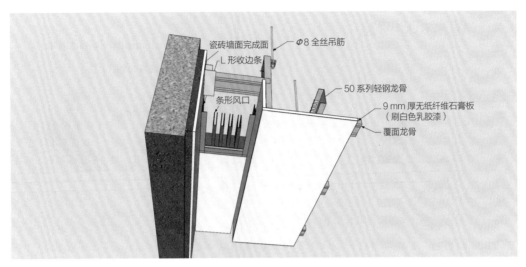

瓷砖墙面完成面
L 形收边条
条形风口
Φ8 全丝吊筋
50 系列轻钢龙骨
9 mm 厚无纸纤维石膏板
（刷白色乳胶漆）
覆面龙骨

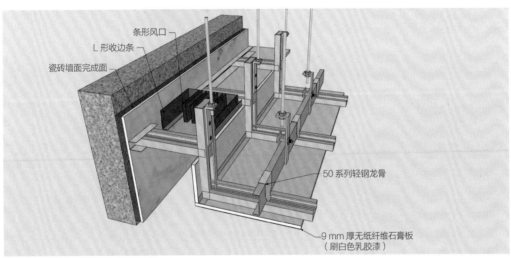

条形风口
L 形收边条
瓷砖墙面完成面
50 系列轻钢龙骨
9 mm 厚无纸纤维石膏板
（刷白色乳胶漆）

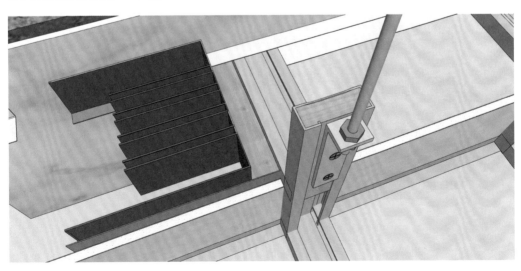

1.20　暗藏灯窗帘盒

a. 施工工序

施工准备—现场放线—固定轻钢龙骨框架—多层板基层—石膏板乳胶漆饰面—安装灯具—完成面处理

b. 用料及工艺分析

① 制作轻钢龙骨基层，选用 50 主龙骨、50 覆面龙骨。

② 用自攻螺钉将 12 mm 厚阻燃夹板（图中基层板）固定在龙骨上，做防火、防腐处理。

③ 9.5 mm 厚纸面石膏板，用自攻螺钉固定在夹板上。

④ 满刮 2 mm 厚面层腻子，乳胶漆饰面。

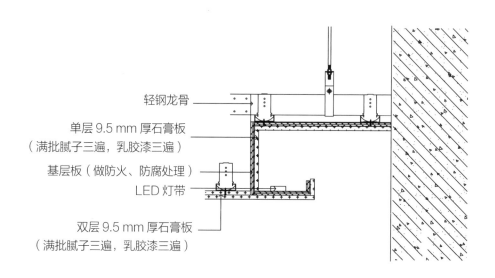

轻钢龙骨

单层 9.5 mm 厚石膏板
（满批腻子三遍，乳胶漆三遍）

基层板（做防火、防腐处理）

LED 灯带

双层 9.5 mm 厚石膏板
（满批腻子三遍，乳胶漆三遍）

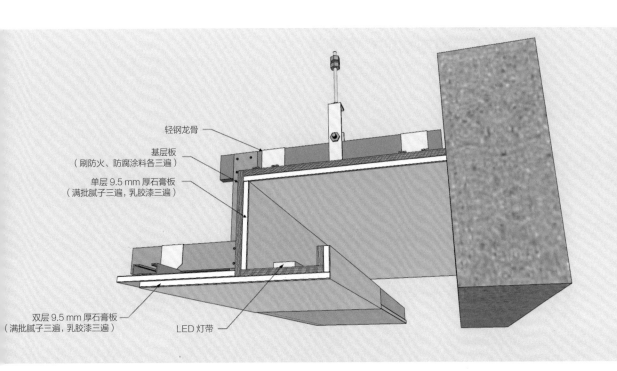

轻钢龙骨

基层板
（刷防火、防腐涂料各三遍）

单层 9.5 mm 厚石膏板
（满批腻子三遍，乳胶漆三遍）

双层 9.5 mm 厚石膏板
（满批腻子三遍，乳胶漆三遍）

LED 灯带

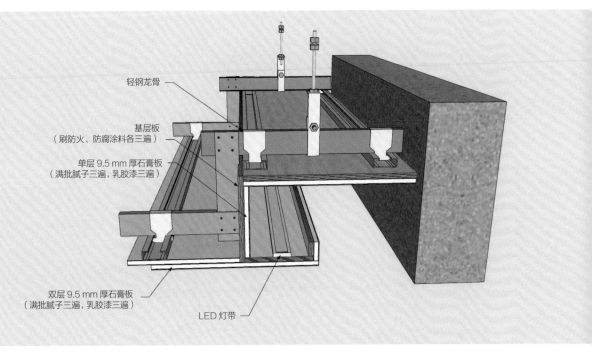

轻钢龙骨

基层板
（刷防火、防腐涂料各三遍）

单层 9.5 mm 厚石膏板
（满批腻子三遍，乳胶漆三遍）

双层 9.5 mm 厚石膏板
（满批腻子三遍，乳胶漆三遍）

LED 灯带

a. 施工工序

施工准备—现场放线—固定轻钢龙骨框架—多层板打底—石膏板封面—乳胶漆饰面—木饰面安装—完成面处理

b. 用料及工艺分析

① 轻钢主龙骨、覆面龙骨基层制作，主龙骨间距 900 ~ 1200 mm。

② 木饰面处覆 12 mm 厚多层板，做防火处理，用自攻螺钉固定在轻钢龙骨上。

③ 将 9.5 mm 厚纸面石膏板用自攻螺钉固定在龙骨上，与木饰面交界处留 20 mm 宽的工艺缝。

④ 石膏板满刮 2 mm 厚面层腻子，乳胶漆饰面。

⑤ 木饰面专用挂条用自攻螺钉固定，间距 300 ~ 400 mm。

⑥ 先在木饰面背面固定挂条，再与基层挂条处相接调平，完成安装。

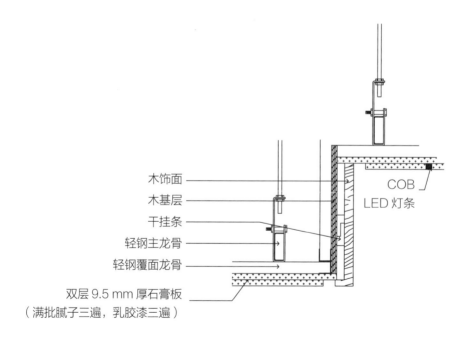

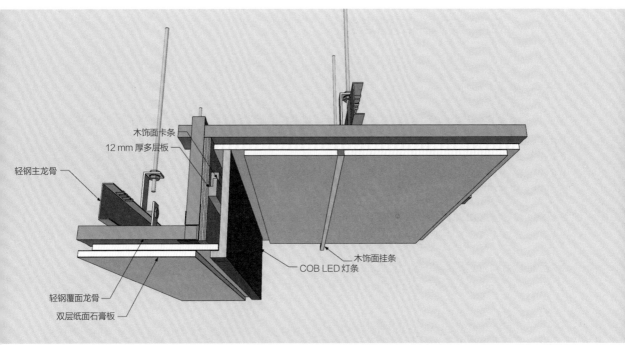

木饰面卡条
12 mm 厚多层板
轻钢主龙骨
轻钢覆面龙骨
双层纸面石膏板
COB LED 灯条
木饰面挂条

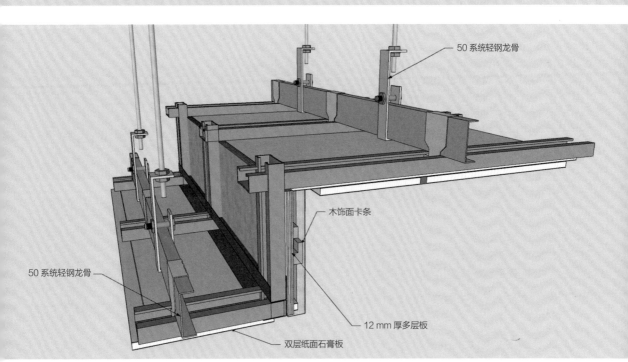

50 系统轻钢龙骨
木饰面卡条
50 系统轻钢龙骨
12 mm 厚多层板
双层纸面石膏板

a. 施工工序

施工准备—现场放线—固定轻钢龙骨框架—多层板打底—石膏板封面—乳胶漆饰面—实木挂板安装—完成面处理

b. 用料及工艺分析

① 轻钢主龙骨、覆面龙骨基层制作，主龙骨间距 900 ~ 1200 mm。

② 用自攻螺钉将 9.5 mm 厚纸面石膏板固定在龙骨上。

③ 石膏板满刮三遍面层腻子，乳胶漆饰面。

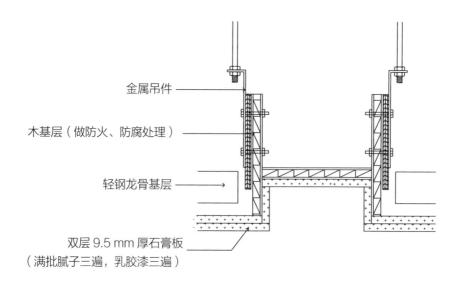

金属吊件

木基层（做防火、防腐处理）

轻钢龙骨基层

双层 9.5 mm 厚石膏板
（满批腻子三遍，乳胶漆三遍）

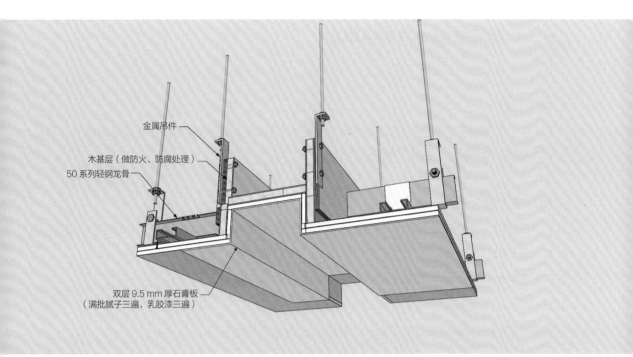

金属吊件

木基层（做防火、防腐处理）

50 系列轻钢龙骨

双层 9.5 mm 厚石膏板
（满批腻子三遍，乳胶漆三遍）

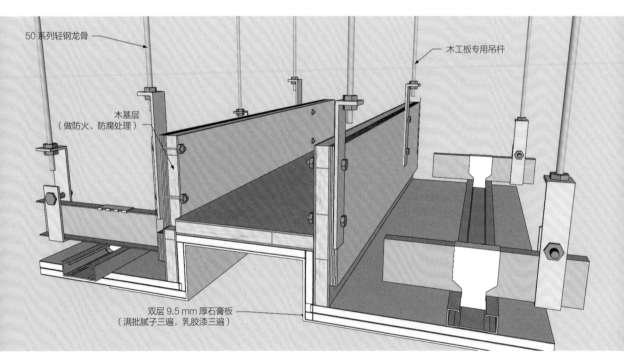

50 系列轻钢龙骨

木工板专用吊杆

木基层
（做防火、防腐处理）

双层 9.5 mm 厚石膏板
（满批腻子三遍，乳胶漆三遍）

a. 施工工序

施工准备—现场放线—固定轻钢龙骨框架—多层木工板打底—石膏板封面—乳胶漆饰面—H 码软膜专用扣条—安装灯具—安装软膜—完成面处理

b. 用料及工艺分析

① 轻钢主龙骨、覆面龙骨基层制作，主龙骨间距 900 ~ 1200 mm。

② 在灯箱处制作木基层箱体，以石膏板封底，用乳胶漆饰面。

③ 用自攻螺钉将 9.5 mm 厚纸面石膏板与龙骨固定。

④ 满刮 2 mm 厚面层耐水腻子，乳胶漆饰面。

⑤ 用自攻螺钉将 H 码固定在木基层上，并用 C 形收边条将其压住。

⑥ 安装 C 形收边条，用硅酮胶将其与木基层固定。

⑦ 安装透光软膜。

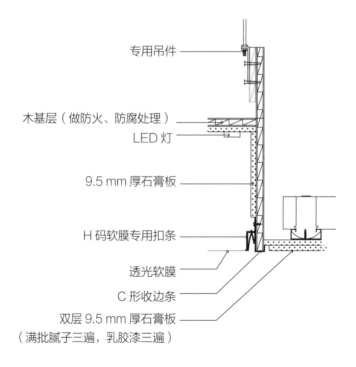

专用吊件

木基层（做防火、防腐处理）

LED 灯

9.5 mm 厚石膏板

H 码软膜专用扣条

透光软膜

C 形收边条

双层 9.5 mm 厚石膏板
（满批腻子三遍，乳胶漆三遍）

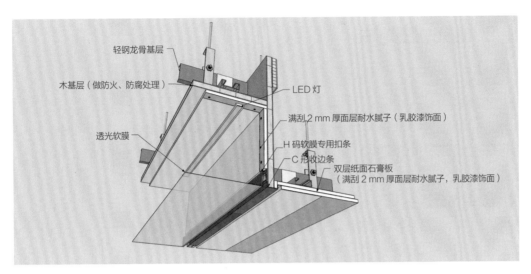

轻钢龙骨基层

木基层（做防火、防腐处理）

透光软膜

LED 灯

满刮 2 mm 厚面层耐水腻子（乳胶漆饰面）

H 码软膜专用扣条

C 形收边条

双层纸面石膏板
（满刮 2 mm 厚面层耐水腻子，乳胶漆饰面）

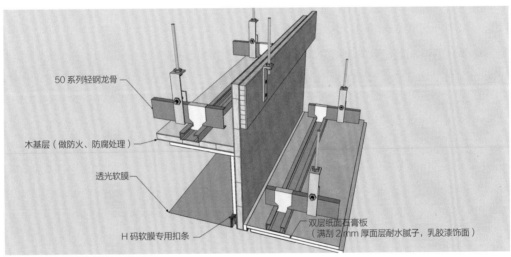

50 系列轻钢龙骨

木基层（做防火、防腐处理）

透光软膜

H 码软膜专用扣条

双层纸面石膏板
（满刮 2 mm 厚面层耐水腻子，乳胶漆饰面）

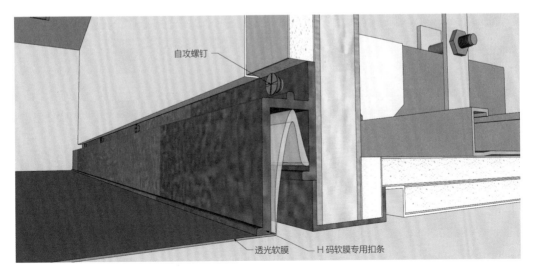

自攻螺钉

透光软膜

H 码软膜专用扣条

a. 施工工序

施工准备—现场放线—固定轻钢龙骨框架—多层木工板打底—石膏板封面—乳胶漆饰面—H 码软膜专用扣条—安装灯具—安装透光软膜—完成面处理

b. 用料及工艺分析

① 轻钢主龙骨、覆面龙骨基层制作，主龙骨间距 900 ~ 1200 mm。

② 在灯箱处制作木基层箱体，以石膏板封底，用乳胶漆饰面。

③ 用自攻螺钉将 9.5 mm 厚纸面石膏板与龙骨固定。

④ 满刮 2 mm 厚面层耐水腻子，乳胶漆饰面。

⑤ 用自攻螺钉将 H 码固定在木基层上，并用 C 形收边条将其压住。

⑥ 安装 C 形收边条，用硅酮胶将其与木基层固定。

⑦ 安装透光软膜。

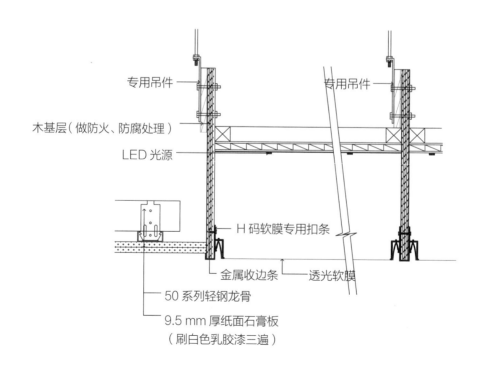

专用吊件

专用吊件

木基层（做防火、防腐处理）

LED 光源

H 码软膜专用扣条

金属收边条　透光软膜

50 系列轻钢龙骨

9.5 mm 厚纸面石膏板
（刷白色乳胶漆三遍）

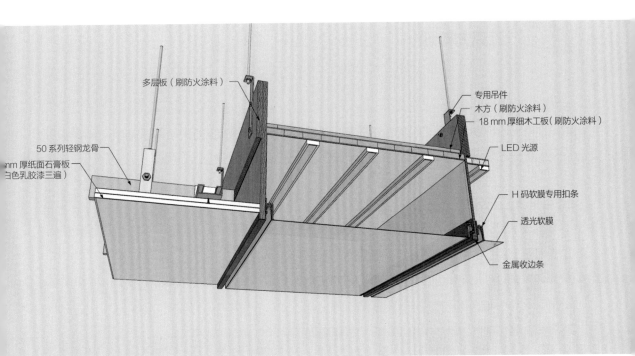

多层板（刷防火涂料）

专用吊件

木方（刷防火涂料）

18 mm 厚细木工板（刷防火涂料）

50 系列轻钢龙骨

LED 光源

mm 厚纸面石膏板
白色乳胶漆三遍）

H 码软膜专用扣条

透光软膜

金属收边条

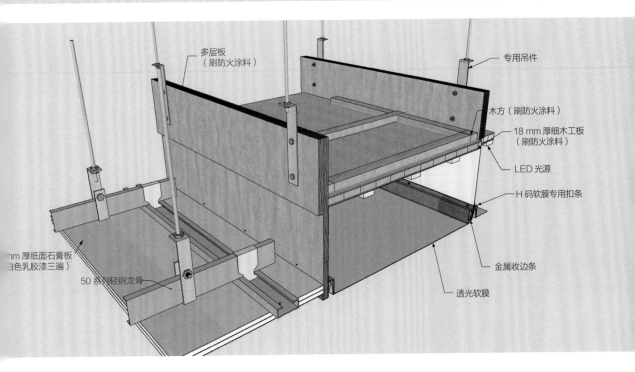

多层板
（刷防火涂料）

专用吊件

木方（刷防火涂料）

18 mm 厚细木工板
（刷防火涂料）

LED 光源

H 码软膜专用扣条

mm 厚纸面石膏板
白色乳胶漆三遍）

50 系列轻钢龙骨

金属收边条

透光软膜

1.25 亚克力灯箱

a. 施工工序

施工准备—现场放线—固定轻钢龙骨框架—多层板打底—石膏板封面—乳胶漆饰面—安装金属收边条—安装灯具—固定亚克力灯箱片—完成面处理

b. 用料及工艺分析

① 轻钢主龙骨、覆面龙骨基层制作，主龙骨间距 900 ~ 1200 mm。

② 在灯箱处制作木基层箱体，石膏板封底，乳胶漆饰面。

③ 用自攻螺钉将 9.5 mm 厚纸面石膏板固定在龙骨上。

④ 满刮 2 mm 厚面层耐水腻子，乳胶漆饰面。

⑤ 安装 L 形金属收边条，用自攻螺钉与木基层固定。

⑥ 安装亚克力灯箱片，与边角处留 3 mm 宽的距离，方便检修。

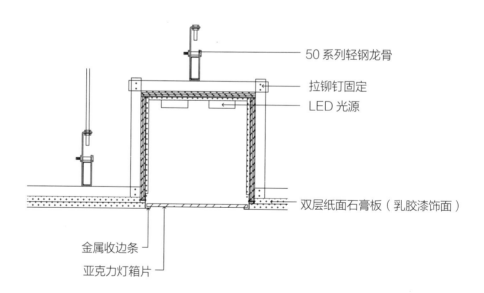

50 系列轻钢龙骨

拉铆钉固定

LED 光源

双层纸面石膏板（乳胶漆饰面）

金属收边条

亚克力灯箱片

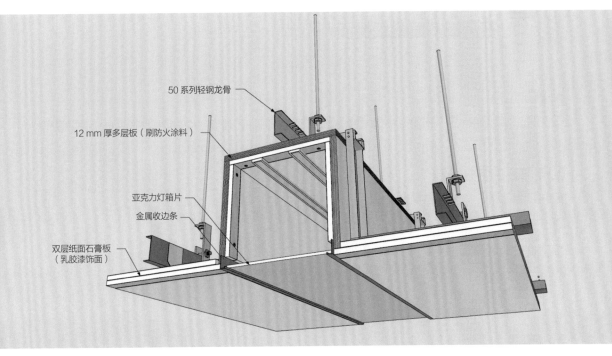

50 系列轻钢龙骨

12 mm 厚多层板（刷防火涂料）

亚克力灯箱片

金属收边条

双层纸面石膏板
（乳胶漆饰面）

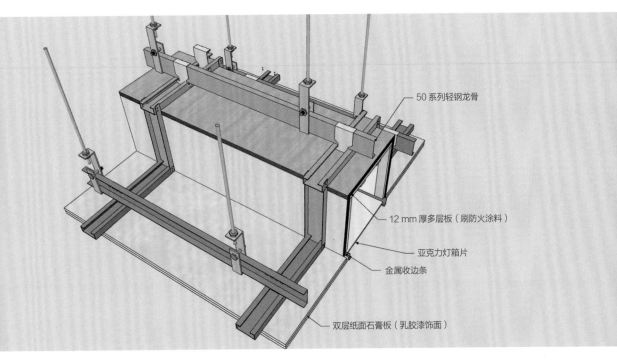

50 系列轻钢龙骨

12 mm 厚多层板（刷防火涂料）

亚克力灯箱片

金属收边条

双层纸面石膏板（乳胶漆饰面）

a. 施工工序

施工准备—现场放线—固定轻钢龙骨框架—细木工板打底—石膏板封面—乳胶漆饰面—完成面处理

b. 用料及工艺分析

① 轻钢主龙骨、覆面龙骨基层制作，主龙骨间距 900 ~ 1200 mm。

② 用自攻螺钉将 9.5 mm 厚纸面石膏板固定在龙骨上。

③ 满刮 2 mm 厚面层耐水腻子，乳胶漆饰面。

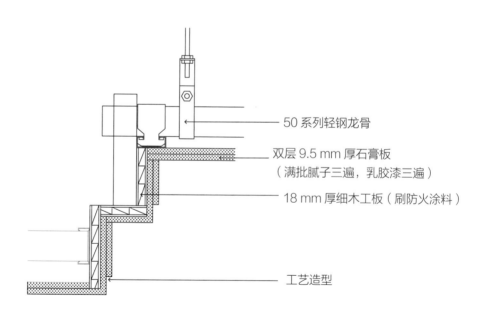

50 系列轻钢龙骨

双层 9.5 mm 厚石膏板
（满批腻子三遍，乳胶漆三遍）

18 mm 厚细木工板（刷防火涂料）

工艺造型

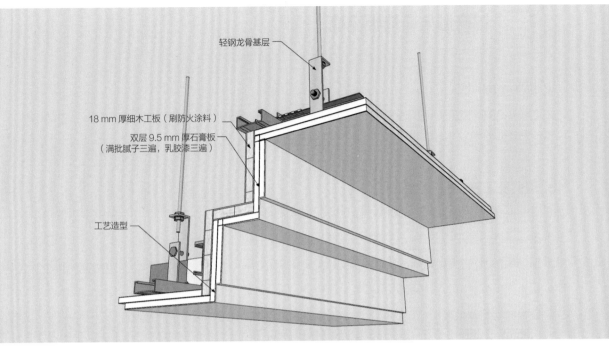

轻钢龙骨基层

18 mm 厚细木工板（刷防火涂料）

双层 9.5 mm 厚石膏板
（满批腻子三遍，乳胶漆三遍）

工艺造型

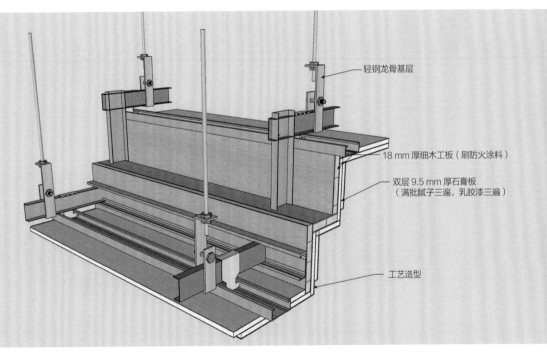

轻钢龙骨基层

18 mm 厚细木工板（刷防火涂料）

双层 9.5 mm 厚石膏板
（满批腻子三遍，乳胶漆三遍）

工艺造型

a. 施工工序

施工准备—现场放线—固定轻钢龙骨框架—固定铝格栅专用吊件—石膏板乳胶漆饰面—安装铝格栅—完成面处理

b. 用料及工艺分析

① 注意对格栅种类、厚度的选择，以及保证完成面的平整度。

② 根据格栅吊顶平面图，弹出构件材料的纵横布置线、造型较复杂部位的轮廓线，以及吊顶标高线。

③ 固定吊筋吊杆、镀锌铁丝及扁铁吊件。

④ 铝格栅安装完成，进行最后的调平。

⑤ 铝格栅与石膏板接口处，石膏板做上翻处理，与铝格栅留 20 mm 宽的间隙。

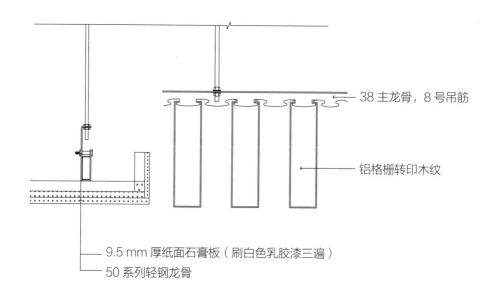

38 主龙骨，8 号吊筋

铝格栅转印木纹

9.5 mm 厚纸面石膏板（刷白色乳胶漆三遍）

50 系列轻钢龙骨

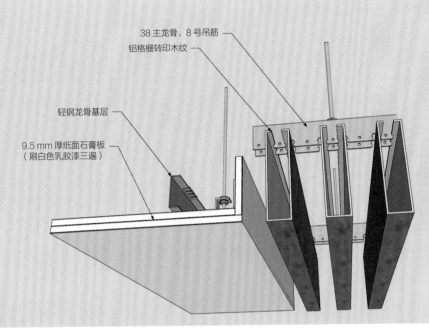

38 主龙骨，8 号吊筋

铝格栅转印木纹

轻钢龙骨基层

9.5 mm 厚纸面石膏板
（刷白色乳胶漆三遍）

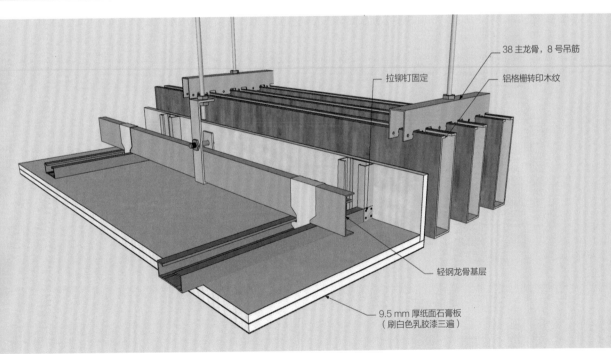

38 主龙骨，8 号吊筋

铝格栅转印木纹

拉铆钉固定

轻钢龙骨基层

9.5 mm 厚纸面石膏板
（刷白色乳胶漆三遍）

a. 施工工序

施工准备—现场放线—固定覆面轻钢龙骨框架—石膏板封面—乳胶漆饰面—完成面处理

b. 用料及工艺分析

① 轻钢龙骨基层制作。

② 用自攻螺钉将 9.5 mm 厚纸面石膏板固定在龙骨上。

③ 满刮 2 mm 厚面层腻子，乳胶漆饰面。

④ 预制阴影缝构件需提前预埋，后期油工需精细处理。

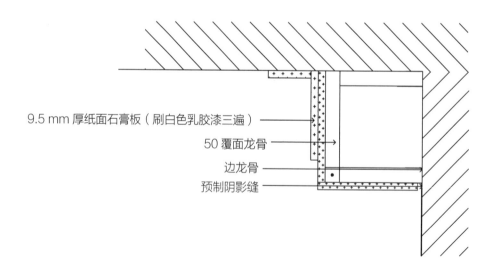

9.5 mm 厚纸面石膏板（刷白色乳胶漆三遍）

50 覆面龙骨

边龙骨

预制阴影缝

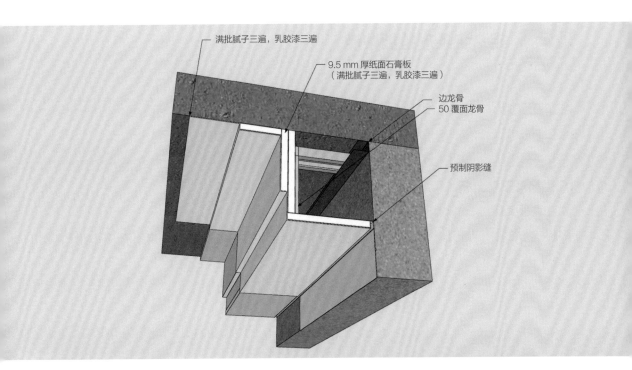

满批腻子三遍，乳胶漆三遍

9.5 mm 厚纸面石膏板
（满批腻子三遍，乳胶漆三遍）

边龙骨
50 覆面龙骨

预制阴影缝

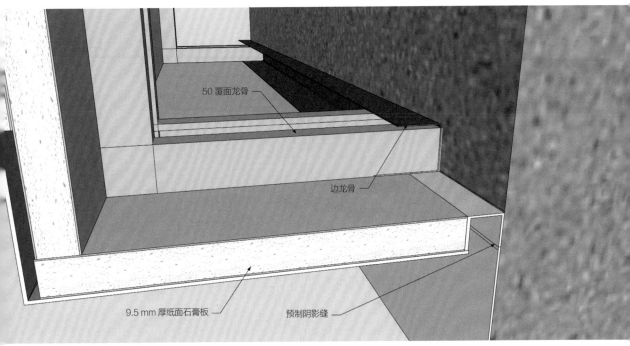

50 覆面龙骨

边龙骨

9.5 mm 厚纸面石膏板

预制阴影缝

1.29　铝合金条形拉板顶棚

a. 施工工序

施工准备—现场放线—安装铝扣板专用吊件—安装铝扣板—完成面处理

b. 用料及工艺分析

① 注意对扣板种类、厚度的选择，以及保证完成面的平整度。

② 根据扣板吊顶平面图，弹出构件材料的纵横布置线、造型较复杂部位的轮廓线，以及吊顶标高线。

③ 铝扣板安装完成，进行最后的调平。

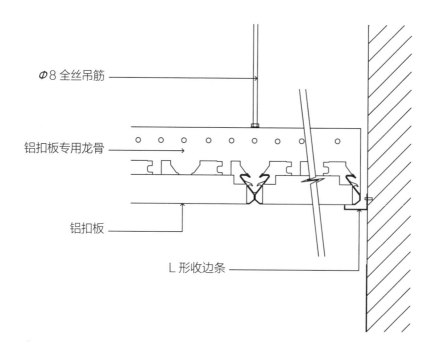

ϕ8 全丝吊筋

铝扣板专用龙骨

铝扣板

L 形收边条

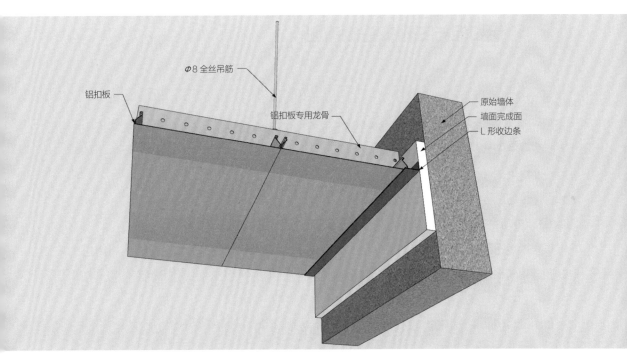

ø8 全丝吊筋

铝扣板

铝扣板专用龙骨

原始墙体
墙面完成面
L 形收边条

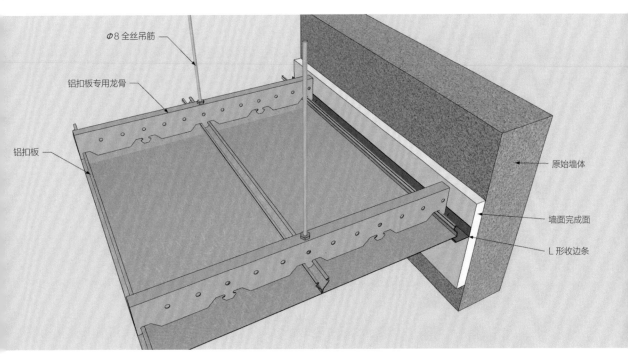

ø8 全丝吊筋

铝扣板专用龙骨

铝扣板

原始墙体

墙面完成面

L 形收边条

a. 施工工序

施工准备—现场放线—固定轻钢龙骨框架—固定铝扣板专用吊件—石膏板乳胶漆饰面—安装铝扣板—完成面处理

b. 用料及工艺分析

① 注意对扣板种类、厚度的选择，以及保证完成面的平整度。

② 根据扣板吊顶平面图，弹出构件材料的纵横布置线、造型较复杂部位的轮廓线，以及吊顶标高线。

③ 固定吊筋吊杆、镀锌铁丝及扁铁吊件。

④ 铝扣板安装完成，进行最后的调平。

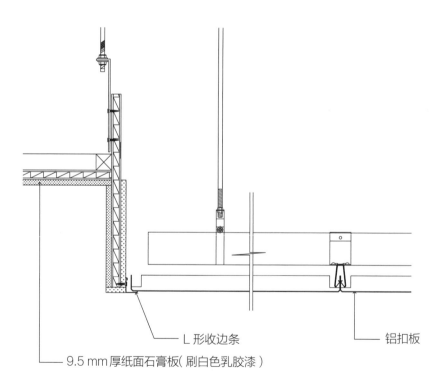

—— L 形收边条

—— 铝扣板

—— 9.5 mm 厚纸面石膏板（刷白色乳胶漆）

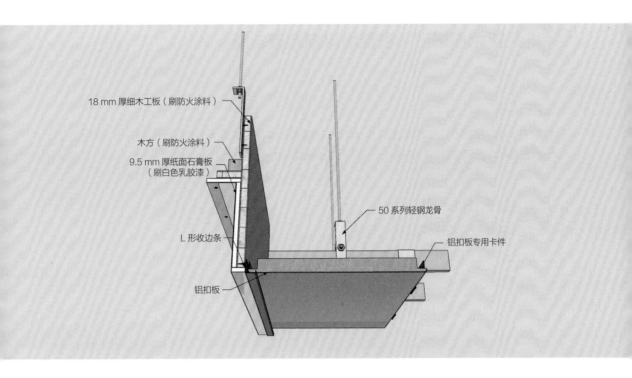

18 mm 厚细木工板（刷防火涂料）

木方（刷防火涂料）

9.5 mm 厚纸面石膏板（刷白色乳胶漆）

50 系列轻钢龙骨

L 形收边条

铝扣板专用卡件

铝扣板

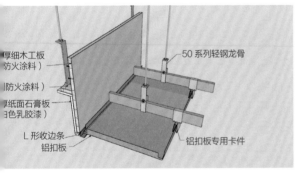

厚细木工板防火涂料）

防火涂料）

纸面石膏板色乳胶漆）

50 系列轻钢龙骨

L 形收边条

铝扣板

铝扣板专用卡件

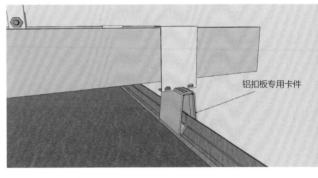

铝扣板专用卡件

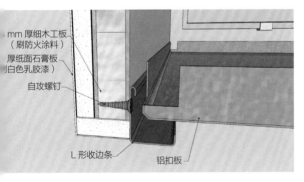

mm 厚细木工板（刷防火涂料）

厚纸面石膏板白色乳胶漆）

自攻螺钉

L 形收边条

铝扣板

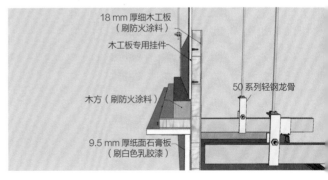

18 mm 厚细木工板（刷防火涂料）

木工板专用挂件

木方（刷防火涂料）

50 系列轻钢龙骨

9.5 mm 厚纸面石膏板（刷白色乳胶漆）

a. 施工工序

施工准备—现场放线—主材定制场外加工—固定钢结构—固定轻钢龙骨框架—轨道处木工板打底—石膏板乳胶漆饰面—安装轨道—吊装有框玻璃门—完成面处理

b. 用料及工艺分析

① 在顶棚和地面弹出玻璃隔断的位置线，精准定位。

② 安装固定下部的锚固件，限位器上下对应。

③ 在双层玻璃之间，金属框架上下填充橡皮垫或填充剂，最后用密封胶密封。

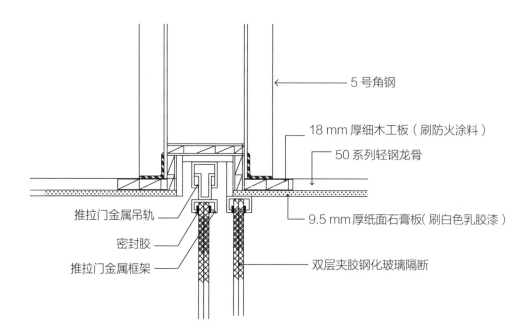

5 号角钢

18 mm 厚细木工板（刷防火涂料）

50 系列轻钢龙骨

推拉门金属吊轨

密封胶

推拉门金属框架

9.5 mm 厚纸面石膏板（刷白色乳胶漆）

双层夹胶钢化玻璃隔断

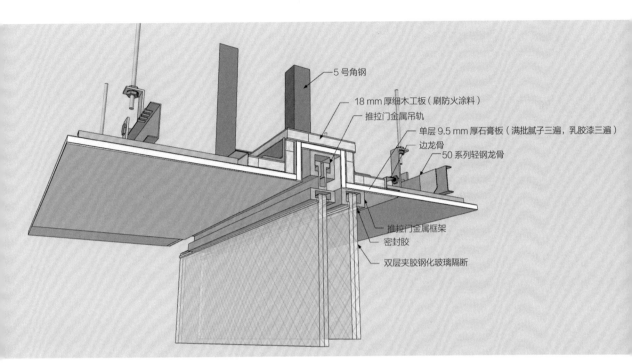

5 号角钢

18 mm 厚细木工板（刷防火涂料）

推拉门金属吊轨

单层 9.5 mm 厚石膏板（满批腻子三遍，乳胶漆三遍）

边龙骨

50 系列轻钢龙骨

推拉门金属框架

密封胶

双层夹胶钢化玻璃隔断

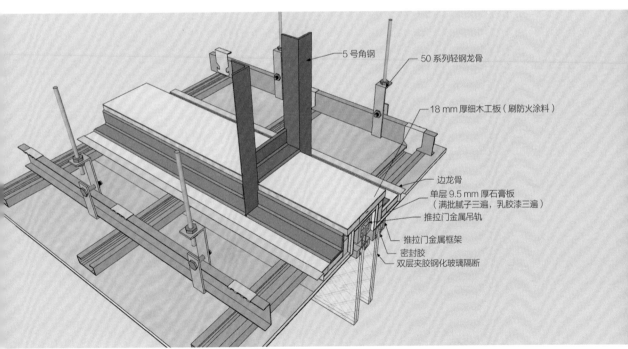

5 号角钢

50 系列轻钢龙骨

18 mm 厚细木工板（刷防火涂料）

边龙骨

单层 9.5 mm 厚石膏板
（满批腻子三遍，乳胶漆三遍）

推拉门金属吊轨

推拉门金属框架

密封胶

双层夹胶钢化玻璃隔断

a. 施工工序

施工准备—现场放线—固定轻钢龙骨框架—多层板基层—石膏板乳胶漆饰面—完成面处理

b. 用料及工艺分析

① 轻钢龙骨基层制作，50 主龙骨、50 覆面龙骨。

② 将 18 mm 厚细木工板用自攻螺钉固定在龙骨上，做防火、防腐处理。

③ 将 9.5 mm 厚纸面石膏板用自攻螺钉固定在夹板上。

④ 满刮 2 mm 厚面层腻子，乳胶漆饰面。

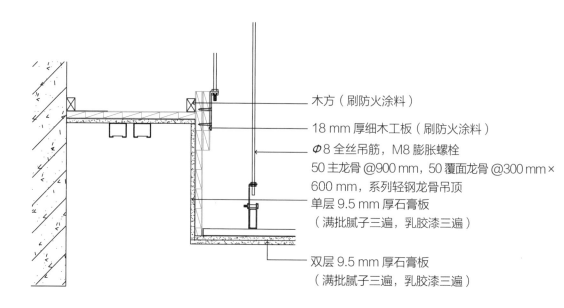

木方（刷防火涂料）

18 mm 厚细木工板（刷防火涂料）

φ8 全丝吊筋，M8 膨胀螺栓

50 主龙骨 @900 mm，50 覆面龙骨 @300 mm×
600 mm，系列轻钢龙骨吊顶

单层 9.5 mm 厚石膏板
（满批腻子三遍，乳胶漆三遍）

双层 9.5 mm 厚石膏板
（满批腻子三遍，乳胶漆三遍）

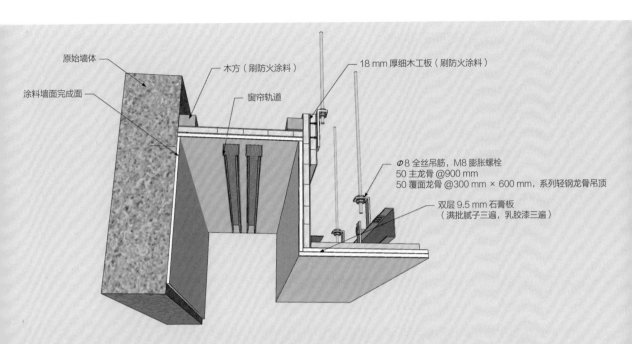

原始墙体

涂料墙面完成面

木方（刷防火涂料）

窗帘轨道

18 mm 厚细木工板（刷防火涂料）

Φ8 全丝吊筋，M8 膨胀螺栓
50 主龙骨 @900 mm
50 覆面龙骨 @300 mm × 600 mm，系列轻钢龙骨吊顶

双层 9.5 mm 石膏板
（满批腻子三遍，乳胶漆三遍）

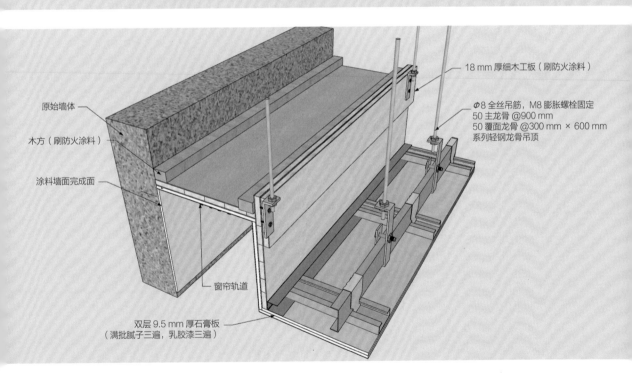

原始墙体

木方（刷防火涂料）

涂料墙面完成面

窗帘轨道

双层 9.5 mm 厚石膏板
（满批腻子三遍，乳胶漆三遍）

18 mm 厚细木工板（刷防火涂料）

Φ8 全丝吊筋，M8 膨胀螺栓固定
50 主龙骨 @900 mm
50 覆面龙骨 @300 mm × 600 mm
系列轻钢龙骨吊顶

1.33 木饰面棚面阳角

a. 施工工序

施工准备—现场放线—固定轻钢龙骨框架—多层板打底—石膏板封面—乳胶漆饰面—木饰面安装—完成面处理

b. 用料及工艺分析

① 轻钢主龙骨、覆面龙骨基层制作，主龙骨间距 900 ~ 1200 mm。

② 木饰面处覆面 12 mm 厚多层板，做防火处理，用自攻螺钉固定在轻钢龙骨上。

③ 用自攻螺钉将 9.5 mm 厚纸面石膏板固定在龙骨上。

④ 石膏板满刮 2 mm 厚面层腻子，乳胶漆饰面。

⑤ 木饰面专用挂条用自攻螺钉固定，间距 300 ~ 400 mm。

⑥ 先在木饰面背面固定挂条，再与基层挂条处相接调平，完成安装。

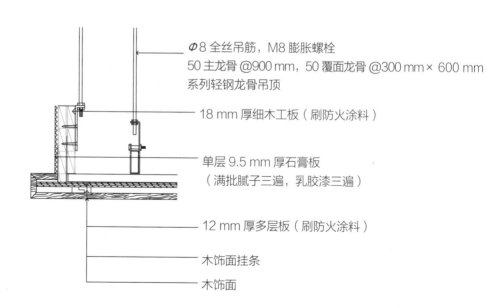

Φ8 全丝吊筋，M8 膨胀螺栓
50 主龙骨 @900 mm，50 覆面龙骨 @300 mm×600 mm
系列轻钢龙骨吊顶

18 mm 厚细木工板（刷防火涂料）

单层 9.5 mm 厚石膏板
（满批腻子三遍，乳胶漆三遍）

12 mm 厚多层板（刷防火涂料）

木饰面挂条

木饰面

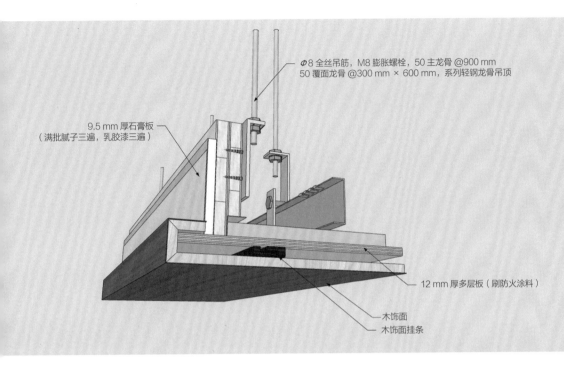

Φ8 全丝吊筋，M8 膨胀螺栓，50 主龙骨 @900 mm
50 覆面龙骨 @300 mm × 600 mm，系列轻钢龙骨吊顶

9.5 mm 厚石膏板
（满批腻子三遍，乳胶漆三遍）

12 mm 厚多层板（刷防火涂料）

木饰面

木饰面挂条

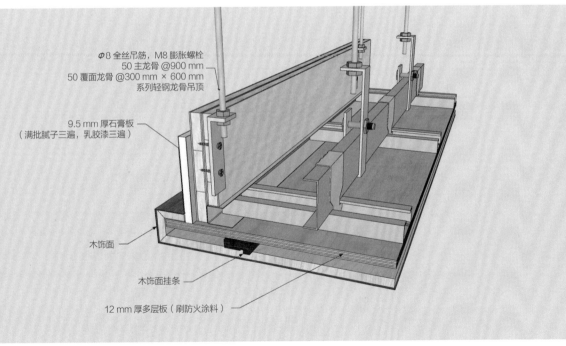

Φ8 全丝吊筋，M8 膨胀螺栓
50 主龙骨 @900 mm
50 覆面龙骨 @300 mm × 600 mm
系列轻钢龙骨吊顶

9.5 mm 厚石膏板
（满批腻子三遍，乳胶漆三遍）

木饰面

木饰面挂条

12 mm 厚多层板（刷防火涂料）

2

地面节点

满铺地毯铺装·无墙面处

a. 施工工序

施工准备—现场放线—材料加工—涂刷界面剂—20～30 mm 厚 1∶2.5 水泥砂浆找平层—水泥自流平—铺装地毯专用胶垫及配件—铺装地毯—完成面处理

b. 用料及工艺分析

① 地毯距墙端留宽 10 mm 左右的伸缩缝，上端尽可能让踢脚线遮盖。

② 地毯拼缝用烫带黏结。

③ 四周距墙 10 mm 处用倒刺条（木钉条）固定，门口处用金属收边条收口。

④ 施工完成，做成品保护。

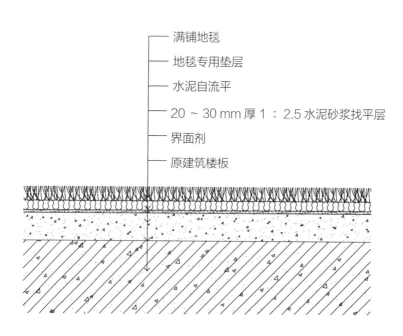

满铺地毯
地毯专用垫层
水泥自流平
20～30 mm 厚 1∶2.5 水泥砂浆找平层
界面剂
原建筑楼板

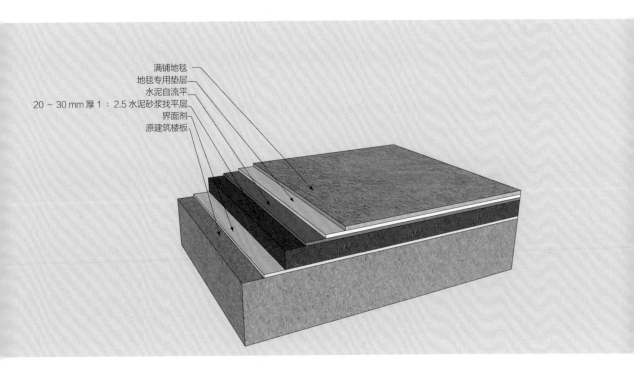

满铺地毯
地毯专用垫层
水泥自流平
20～30 mm 厚 1：2.5 水泥砂浆找平层
界面剂
原建筑楼板

满铺地毯铺装·有墙面处

a. 施工工序

施工准备—现场放线—材料加工—涂刷界面剂—20 ～ 30 mm 厚 1 ∶ 2.5 水泥砂浆找平层—水泥自流平—铺装地毯专用胶垫及配件—铺装地毯—完成面处理

b. 用料及工艺分析

① 地毯距墙端留宽 10 mm 左右的伸缩缝，上端尽可能让踢脚线遮盖。

② 地毯拼缝用烫带黏结。

③ 四周距墙 10 mm 处用倒刺条（木钉条）固定，门口处用金属收边条收口。

④ 施工完成，做成品保护。

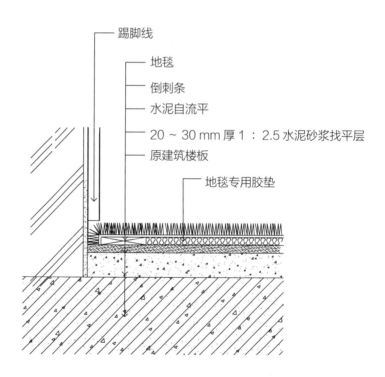

踢脚线
地毯
倒刺条
水泥自流平
20 ～ 30 mm 厚 1 ∶ 2.5 水泥砂浆找平层
原建筑楼板
地毯专用胶垫

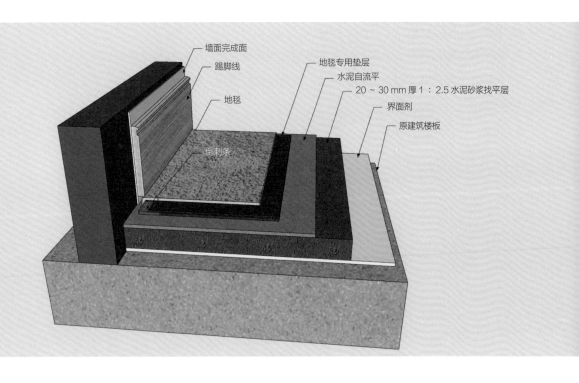

墙面完成面
踢脚线
地毯
倒刺条
地毯专用垫层
水泥自流平
20 ~ 30 mm 厚 1：2.5 水泥砂浆找平层
界面剂
原建筑楼板

2.3　方块地毯地面固定铺装

a. 施工工序

施工准备—现场放线—材料加工—涂刷界面剂—20 ~ 30 mm 厚 1 ： 2.5 水泥砂浆找平层—水泥自流平—铺装地毯—完成面处理

b. 用料及工艺分析

① 因为块毯材料本身比较薄，铺装也不用胶垫等缓冲层，所以非常依赖地面找平。

② 用地毯专用胶水呈棋盘形铺贴块毯，注意花纹的错落，施工前要注意胶水的环保等级。

③ 施工完成，做成品保护。

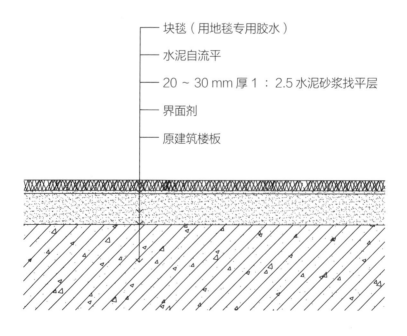

块毯（用地毯专用胶水）

水泥自流平

20 ~ 30 mm 厚 1 ： 2.5 水泥砂浆找平层

界面剂

原建筑楼板

块毯
地毯专用胶水
水泥自流平
20～30mm厚1：2.5水泥砂浆找平层

界面剂
原建筑楼板

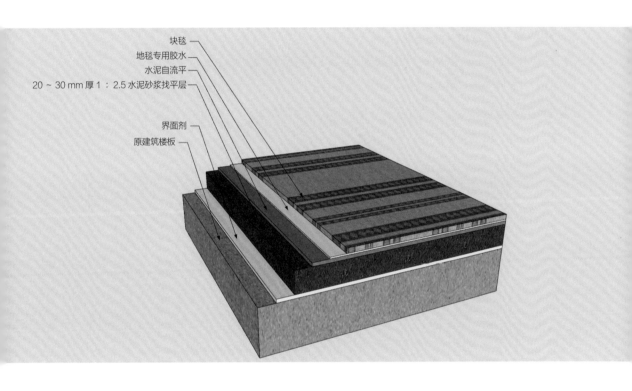

2.4　地砖铺贴

a. 施工工序

施工准备—现场放线—材料加工—涂刷界面剂—1 ： 3 水泥砂浆地面找平—1 ： 1 水泥砂浆黏结瓷砖—完成面处理

b. 用料及工艺分析

① 1 ： 3 水泥砂浆干浆找平，砂浆理想状态的判断标准为手攥成团、手抖即散。

② 找平层厚度不超过 40 mm。

③ 地砖需留缝铺贴，若需后期美缝，缝隙预留宽度建议为 3 ～ 5 mm。

④ 施工完成，做成品保护。

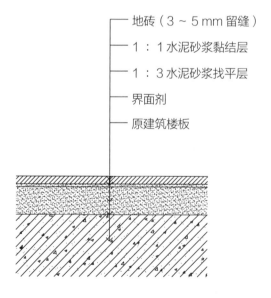

地砖（3 ～ 5 mm 留缝）

1 ： 1 水泥砂浆黏结层

1 ： 3 水泥砂浆找平层

界面剂

原建筑楼板

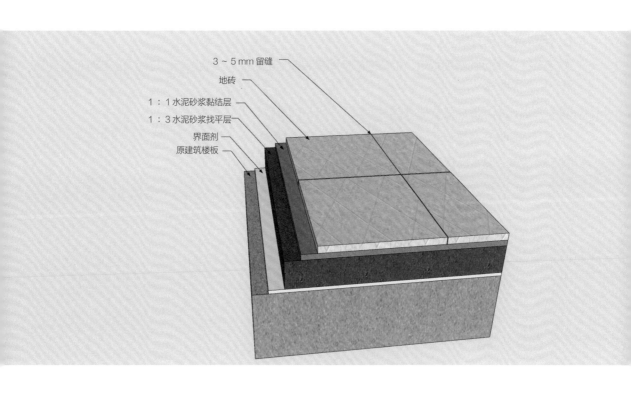

3～5mm 留缝

地砖

1：1水泥砂浆黏结层

1：3水泥砂浆找平层

界面剂

原建筑楼板

2.5 复合木地板铺装

a. 施工工序

施工准备—涂刷界面剂—1：2.5 水泥砂浆地面找平—水泥自流平—铺贴防潮垫层—铺装企口地板—完成面处理

b. 用料及工艺分析

① 若施工空间地面铺装地板、相邻空间地面铺装石材或瓷砖，铺装地板的空间为求与其他空间标高一致，需要找平。

② 水泥自流平只能针对 5 mm 厚度内的不平整地面进行找平。

③ 将地板铺装在有地暖的房间时，建议使用铝箔复合防潮膜，可以加快导热。

④ 施工完成，做成品保护。

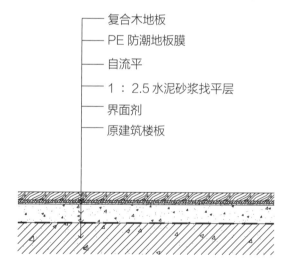

- 复合木地板
- PE 防潮地板膜
- 自流平
- 1：2.5 水泥砂浆找平层
- 界面剂
- 原建筑楼板

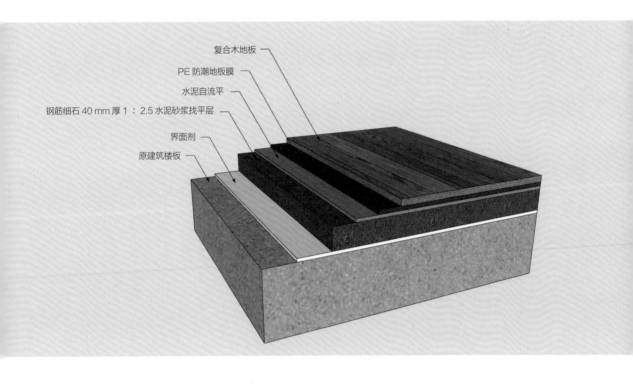

复合木地板

PE 防潮地板膜

水泥自流平

钢筋细石 40 mm 厚 1：2.5 水泥砂浆找平层

界面剂

原建筑楼板

企口实木地板·专用龙骨基层

a. 施工工序

施工准备—固定木楔子（做防潮处理）—40 mm×50 mm 木龙骨（做防火、防腐处理）—铺装实木地板—完成面处理

b. 用料及工艺分析

① 40 mm×50 mm 木龙骨（满涂防腐剂），间距 400 mm。

② 设计时应考虑地板下通风的问题。

③ 施工完成，做成品保护。

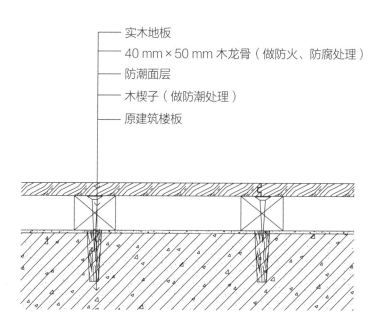

实木地板
40 mm×50 mm 木龙骨（做防火、防腐处理）
防潮面层
木楔子（做防潮处理）
原建筑楼板

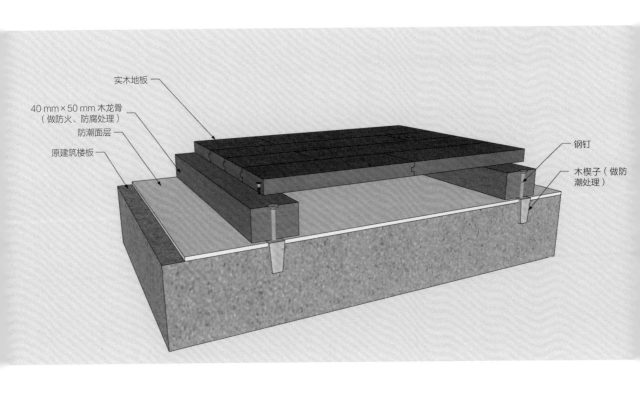

实木地板

40 mm×50 mm 木龙骨
（做防火、防腐处理）

防潮面层

原建筑楼板

钢钉

木楔子（做防
潮处理）

2.7 石材地坎·上为沐浴间玻璃门

a. 施工工序

施工准备—涂刷界面剂—防水层及防水保护层施工—水泥砂浆干浆找平—水泥砂浆湿浆铺贴石材—完成面处理

b. 用料及工艺分析

① 大理石的颜色、品种需提前选板试铺。

② 分格拼法需提前设定，并绘出排版图。

③ 敷设暗管时，应用水泥砂浆固定牢固。

④ 施工完成，做成品保护。

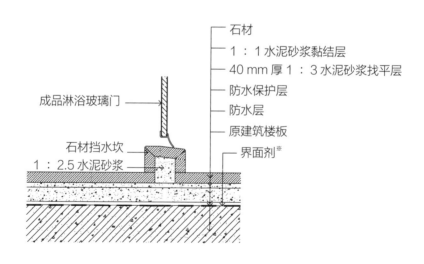

成品淋浴玻璃门

石材挡水坎
1：2.5 水泥砂浆

石材
1：1 水泥砂浆黏结层
40 mm 厚 1：3 水泥砂浆找平层
防水保护层
防水层
原建筑楼板
界面剂※

※ 界面剂，在实际施工中，界面剂非常薄，几乎和防水层重合。后同。

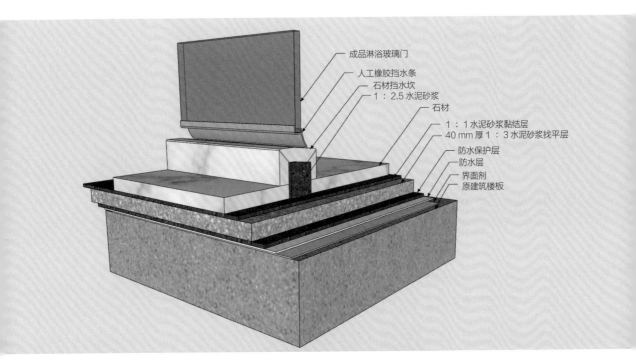

成品淋浴玻璃门
人工橡胶挡水条
石材挡水坎
1：2.5 水泥砂浆
石材
1：1 水泥砂浆黏结层
40 mm 厚 1：3 水泥砂浆找平层
防水保护层
防水层
界面剂
原建筑楼板

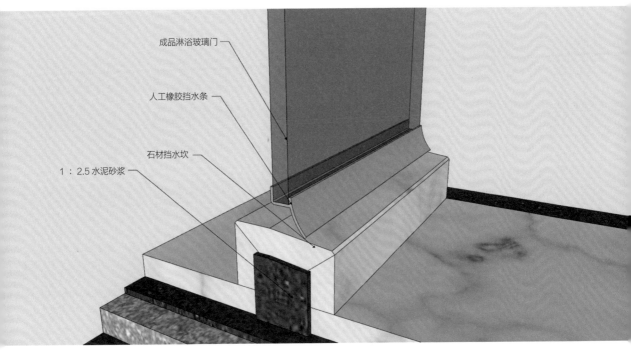

成品淋浴玻璃门

人工橡胶挡水条

石材挡水坎

1：2.5 水泥砂浆

2.8 石材铺贴

a. 施工工序

施工准备—涂刷界面剂—防水层及防水保护层施工—水泥砂浆干浆找平—水泥砂浆湿浆铺贴石材—完成面处理

b. 用料及工艺分析

① 防水完全做完后，进行蓄水试验。时间最好为 3 ~ 5 天，至少应在 48 小时以上。

② 地漏处下水方向的防水处理必须做好灌浆加固。

③ 铺贴石材的水泥最好为白水泥，以便减少石材在未来发生返碱的概率。

④ 施工完成，做成品保护。

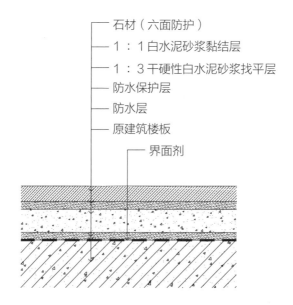

石材（六面防护）
1：1 白水泥砂浆黏结层
1：3 干硬性白水泥砂浆找平层
防水保护层
防水层
原建筑楼板
界面剂

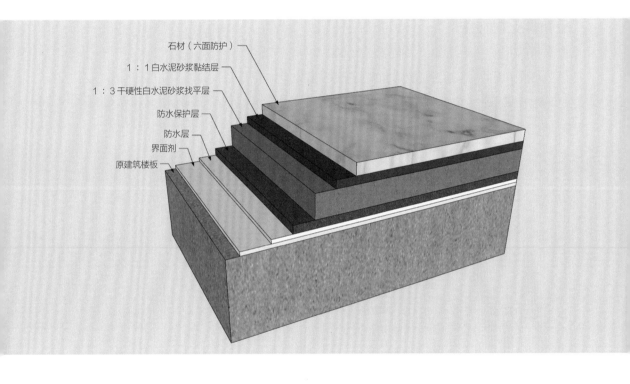

石材（六面防护）
1:1白水泥砂浆黏结层
1:3干硬性白水泥砂浆找平层
防水保护层
防水层
界面剂
原建筑楼板

a. 施工工序

施工准备—涂刷界面剂—防水层施工—铺设隔热层—铺设低碳钢丝网片—铺设地暖管—细石混凝土找平

b. 用料及工艺分析

① 在有水区域，细石混凝土上面还应该增加防水层。

② 隔热层下面的防水层可根据实际项目要求进行取舍。

③ 地暖管铺设要与钢网绑接牢固，并用专用卡件固定。

④ 铺装细石混凝土时，尽量保证地暖管上覆盖的厚度均匀。

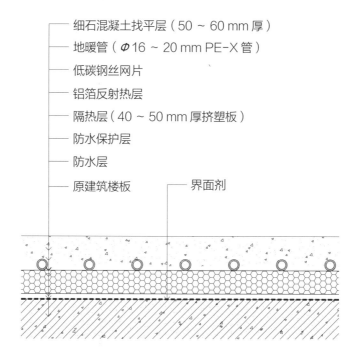

细石混凝土找平层（50 ～ 60 mm 厚）
地暖管（Φ16 ～ 20 mm PE-X 管）
低碳钢丝网片
铝箔反射热层
隔热层（40 ～ 50 mm 厚挤塑板）
防水保护层
防水层
原建筑楼板　　　界面剂

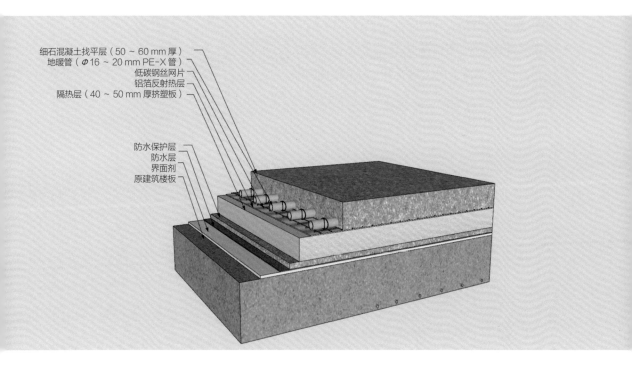

细石混凝土找平层（50～60 mm厚）
地暖管（Φ16～20 mm PE-X管）
低碳钢丝网片
铝箔反射热层
隔热层（40～50 mm厚挤塑板）

防水保护层
防水层
界面剂
原建筑楼板

a. 施工工序

施工准备—主材定制—涂刷界面剂—防水层及防水保护层施工—1：3 水泥砂浆找平—1：1 水泥砂浆铺贴石材—石材开槽内固定玻璃隔断—完成面处理

b. 用料及工艺分析

① 防水完全做完后，进行蓄水试验，时间至少要在 48 小时以上。

② 地漏处下水方向的防水处理必须做好灌浆加固。

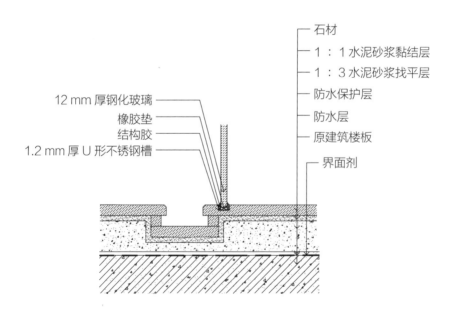

石材
1：1 水泥砂浆黏结层
1：3 水泥砂浆找平层
防水保护层
防水层
原建筑楼板
界面剂

12 mm 厚钢化玻璃
橡胶垫
结构胶
1.2 mm 厚 U 形不锈钢槽

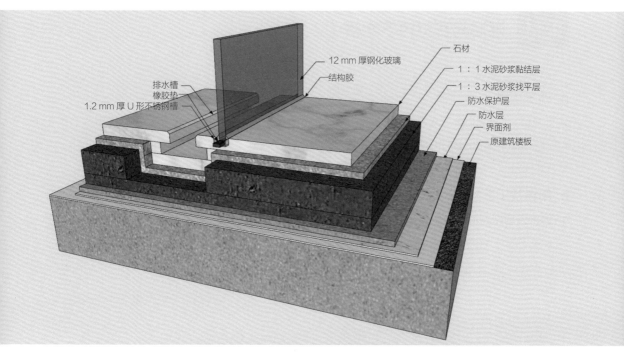

12 mm 厚钢化玻璃

结构胶

石材

1：1 水泥砂浆黏结层

1：3 水泥砂浆找平层

防水保护层

防水层

界面剂

原建筑楼板

排水槽

橡胶垫

1.2 mm 厚 U 形不锈钢槽

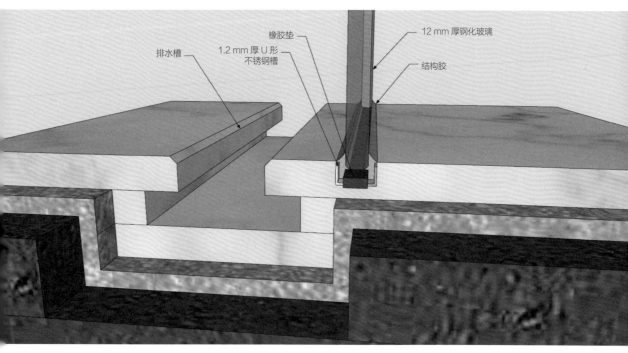

排水槽

橡胶垫

1.2 mm 厚 U 形
不锈钢槽

12 mm 厚钢化玻璃

结构胶

a. 施工工序

施工准备—主材定制—涂刷界面剂—防水层及防水保护层施工—1：3 水泥砂浆找平—1：1 水泥砂浆铺贴石材—石材开槽内固定玻璃隔断—完成面处理

b. 用料及工艺分析

① 防水完全做完后，进行蓄水试验，时间至少要在 48 小时以上。

② 地漏处下水方向的防水处理必须做好灌浆加固。

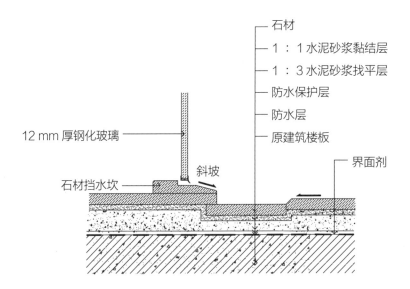

石材
1：1 水泥砂浆黏结层
1：3 水泥砂浆找平层
防水保护层
防水层
原建筑楼板
界面剂
12 mm 厚钢化玻璃
斜坡
石材挡水坎

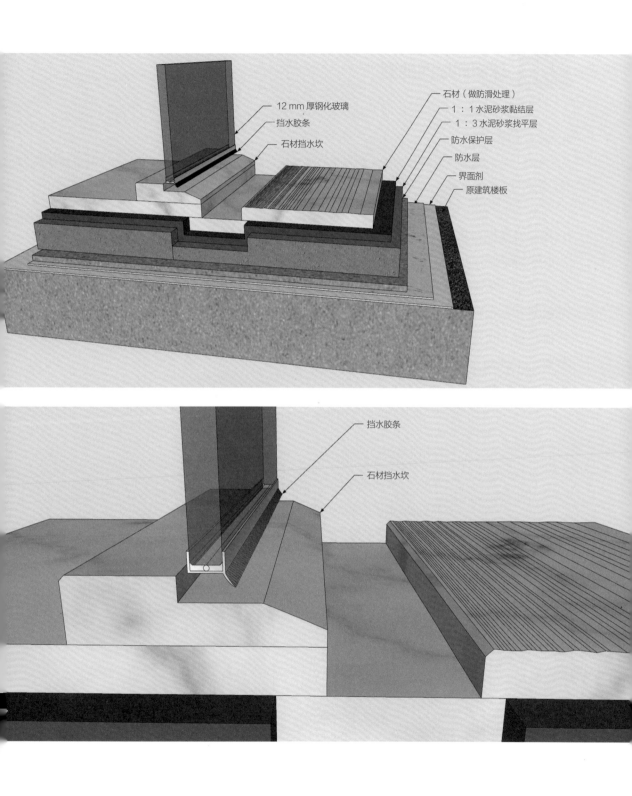

12 mm 厚钢化玻璃

挡水胶条

石材挡水坎

石材（做防滑处理）

1：1水泥砂浆黏结层

1：3水泥砂浆找平层

防水保护层

防水层

界面剂

原建筑楼板

挡水胶条

石材挡水坎

a. 施工工序

施工准备—主材定制—涂刷界面剂—防水层及防水保护层施工—固定排水套管—水泥砂浆铺贴石材—水泥砂浆固定地漏—完成面处理

b. 用料及工艺分析

① 成品暗藏地漏。

② 铺设聚合物防水砂浆或聚氨酯涂膜防水层。

③ 铺设 10 mm 厚水泥砂浆防水保护层。

④ 铺设 30 mm 厚 1 ： 3 水泥砂浆找平层。

⑤ 用 10 mm 厚 1 ： 1 水泥砂浆黏结层粘贴石材。

⑥ 石材需要做六面防护。

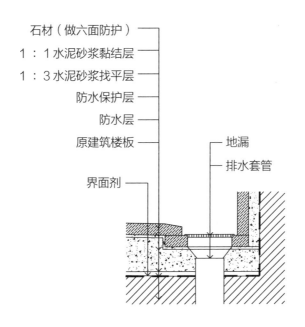

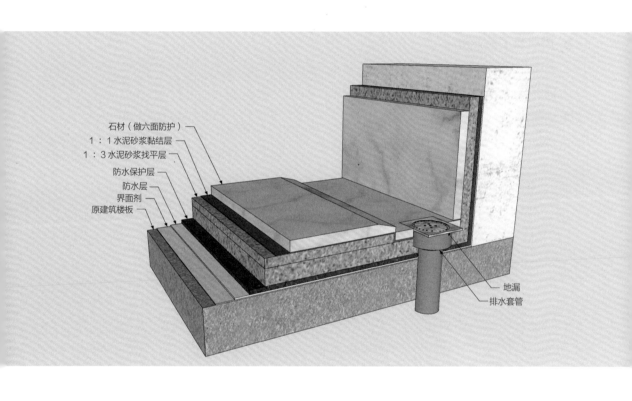

石材（做六面防护）
1：1水泥砂浆黏结层
1：3水泥砂浆找平层
防水保护层
防水层
界面剂
原建筑楼板

地漏
排水套管

a. 施工工序

施工准备—主材定制—涂刷界面剂—水泥砂浆铺贴石材—固定木胎—安装不锈钢收边条—完成面处理

b. 用料及工艺分析

① 原建筑钢筋混凝土楼板。

② 铺设 30 mm 厚 1 : 3 水泥砂浆找平层。

③ 铺设 10 mm 厚水泥砂浆黏结层。

④ 用结构胶安装 1.5 mm 厚拉丝不锈钢装饰条。

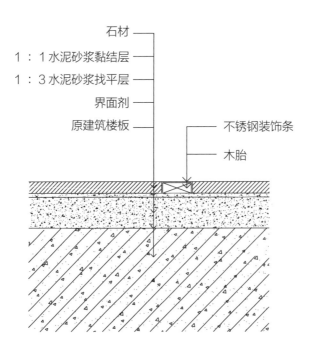

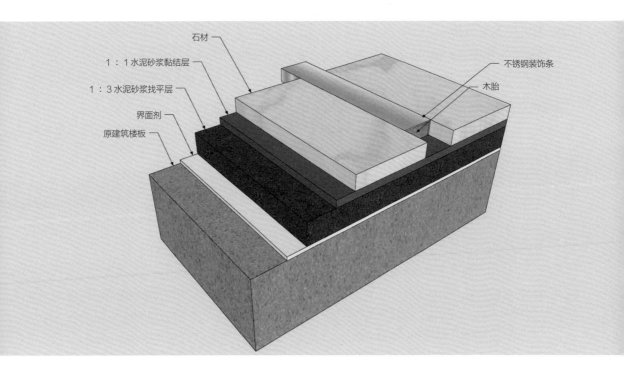

石材

1：1水泥砂浆黏结层

1：3水泥砂浆找平层

界面剂

原建筑楼板

不锈钢装饰条

木胎

2.14　实木地板与地毯 · 嵌 C 形不锈钢收边条

a. 施工工序

施工准备—主材定制—涂刷界面剂—水泥砂浆地面找平—固定打底木胎—固定不锈钢收边条—铺装地板—铺装地毯—完成面处理

b. 用料及工艺分析

① 铺设 1 : 3 水泥砂浆找平层（依据空间设计要求确定厚度）。

② 铺设双层地毯专用胶垫，12 mm 厚多层板打底，用 5 mm 厚多层板制作钉板来固定地毯。

③ C 形不锈钢收边条与通长木条用沉头螺钉固定，铺装实木复合地板。

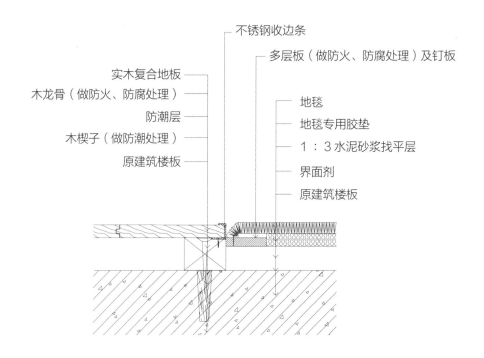

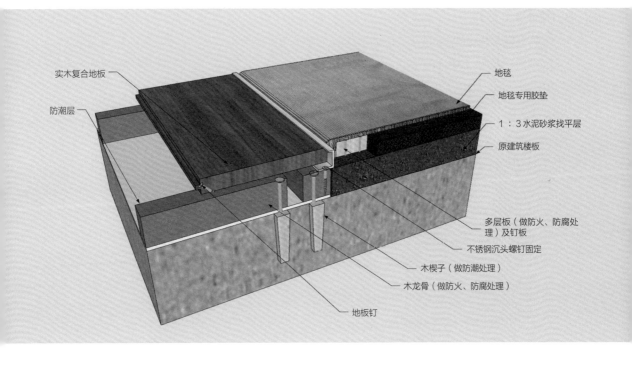

实木复合地板

防潮层

地毯

地毯专用胶垫

1∶3水泥砂浆找平层

原建筑楼板

多层板（做防火、防腐处理）及钉板

不锈钢沉头螺钉固定

木楔子（做防潮处理）

木龙骨（做防火、防腐处理）

地板钉

2.15　实木地板与地砖·嵌 L 形不锈钢收边条

a. 施工工序

施工准备—主材定制—涂刷界面剂—水泥砂浆找平—水泥砂浆铺贴瓷砖—铺设防潮层—铺设木龙骨—毛地板铺装—安装金属收边条—铺装实木地板—完成面处理

b. 用料及工艺分析

① 地砖留缝铺贴，用水泥砂浆或专用勾缝剂勾缝。

② 定制 L 形成品不锈钢收边条，调平安装。

③ 铺设 30 mm×40 mm 木龙骨，做防火、防腐处理。

④ 单层 9 mm 厚多层板作为毛地板，刷防火涂料三遍。

⑤ 铺装实木地板，用气钉在企口处固定。

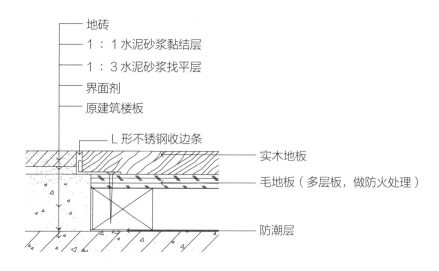

地砖
1：1 水泥砂浆黏结层
1：3 水泥砂浆找平层
界面剂
原建筑楼板
L 形不锈钢收边条
实木地板
毛地板（多层板，做防火处理）
防潮层

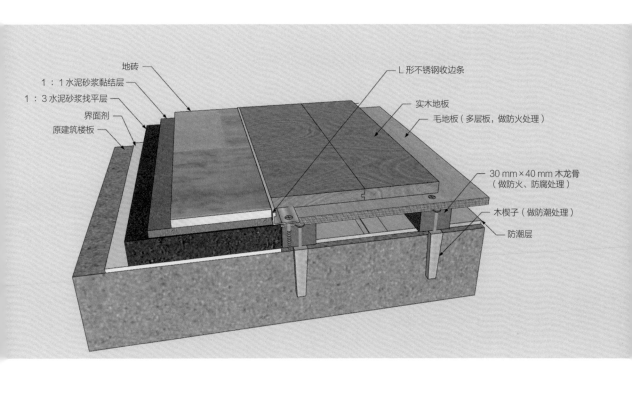

地砖

1∶1 水泥砂浆黏结层

1∶3 水泥砂浆找平层

界面剂

原建筑楼板

L 形不锈钢收边条

实木地板

毛地板（多层板，做防火处理）

30 mm×40 mm 木龙骨
（做防火、防腐处理）

木楔子（做防潮处理）

防潮层

a. 施工工序

施工准备—主材定制—涂刷界面剂—水泥砂浆地面找平—水泥砂浆铺贴地砖—固定不锈钢收边条—铺装木地板—铺装地毯—完成面处理

b. 用料及工艺分析

① 1：3 水泥砂浆找平层，厚度依照地砖完成面厚度确定。

② 用水泥砂浆铺贴地砖，并做勾缝处理。

③ 铺装地板前，固定 C 形不锈钢收边条。

④ 地板专用隔声垫，上铺企口地板。

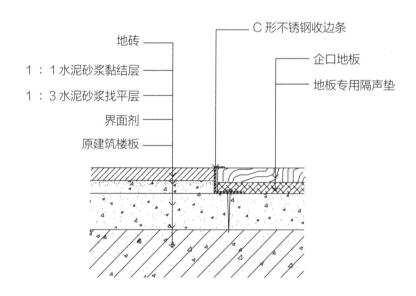

C 形不锈钢收边条

地砖

1：1 水泥砂浆黏结层

1：3 水泥砂浆找平层

界面剂

原建筑楼板

企口地板

地板专用隔声垫

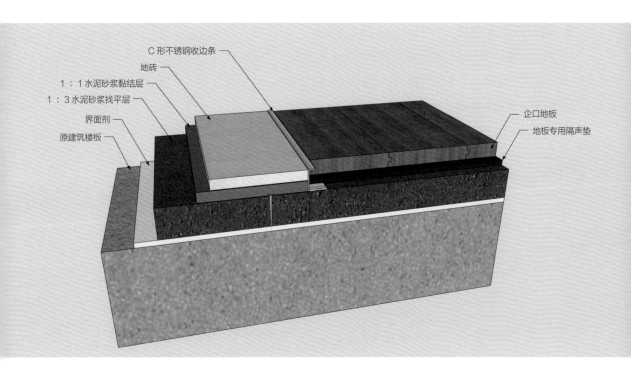

C形不锈钢收边条

地砖

1：1水泥砂浆黏结层

1：3水泥砂浆找平层

界面剂

原建筑楼板

企口地板

地板专用隔声垫

2.17　石材与地毯·嵌 L 形不锈钢收边条

a. 施工工序

施工准备—主材定制—涂刷界面剂—水泥砂浆地面找平—水泥砂浆铺贴石材—固定打底木胎—固定不锈钢收边条—铺装地毯—完成面处理

b. 用料及工艺分析

① 原地面修补找平层的厚度需依据地砖完成面的厚度确定。

② 石材做六面防护，用专用黏结剂、界面剂处理涂刷 。

③ 用双层地毯专用胶垫铺装地毯。

④ 将由 5 mm 厚多层板制作的钉板固定在 5 mm 厚多层板上，刷防火涂料。

⑤ 用 3 mm 厚不锈钢收边条作为空间与材质的区隔。

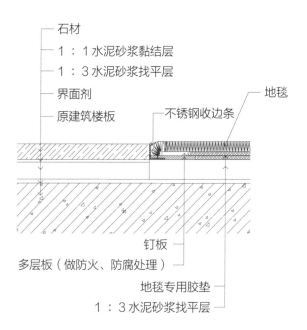

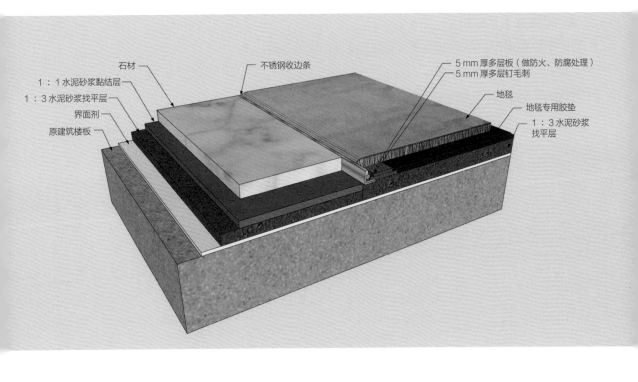

石材

1：1水泥砂浆黏结层

1：3水泥砂浆找平层

界面剂

原建筑楼板

不锈钢收边条

5 mm 厚多层板（做防火、防腐处理）

5 mm 厚多层钉毛刺

地毯

地毯专用胶垫

1：3水泥砂浆
找平层

a. 施工工序

施工准备—主材定制—涂刷界面剂—水泥砂浆铺贴石材—铺装除尘地毯—固定专用收边条—完成面处理

b. 用料及工艺分析

① 水泥砂浆找平层的厚度需依据石材完成面的厚度确定。

② 使用地毯专用减震胶垫。

③ 适用于宴会厅、酒店等大门门口。

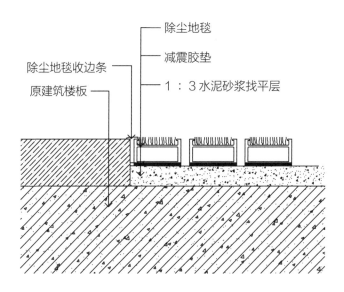

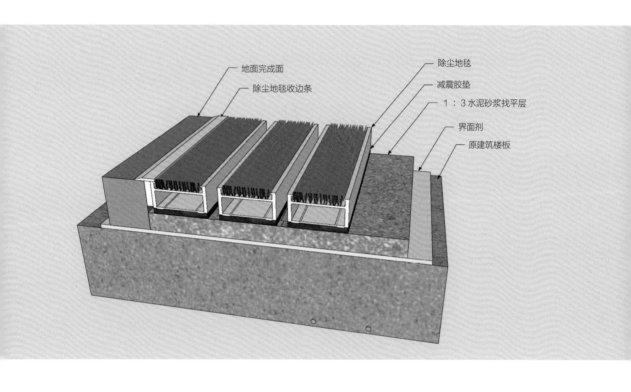

地面完成面

除尘地毯收边条

除尘地毯

减震胶垫

1：3水泥砂浆找平层

界面剂

原建筑楼板

2.19　石材与地砖·嵌 L 形不锈钢收边条

a. 施工工序

施工准备—主材定制—涂刷界面剂—水泥砂浆铺贴石材—固定专用收边条—水泥砂浆铺贴瓷砖—完成面处理

b. 用料及工艺分析

① 1：3 水泥砂浆找平层，提前确定地面完成面厚度。

② 铺贴石材（尤其是白色及米黄色石材），为减少地面返碱的可能，应尽量选用白水泥或者石材专用黏结剂作为黏结材料。

③ 石材施工前需做六面防护。

④ 施工完成后需做好成品保护。

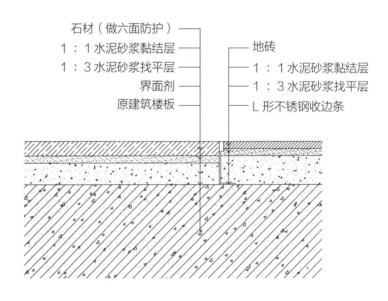

石材（做六面防护）
1：1 水泥砂浆黏结层
1：3 水泥砂浆找平层
界面剂
原建筑楼板
地砖
1：1 水泥砂浆黏结层
1：3 水泥砂浆找平层
L 形不锈钢收边条

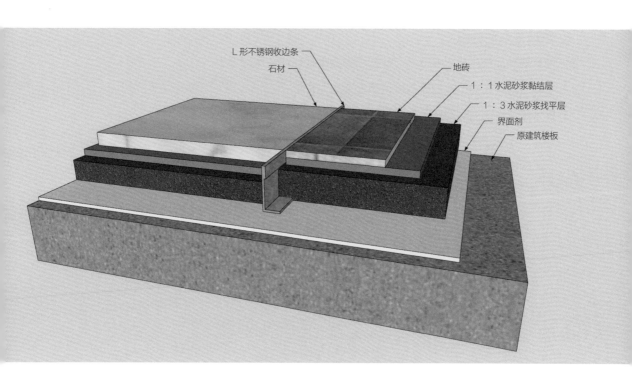

L形不锈钢收边条

石材

地砖

1：1水泥砂浆黏结层

1：3水泥砂浆找平层

界面剂

原建筑楼板

a. 施工工序

施工准备—主材定制—铺设防潮层—木龙骨找平—铺装实木地板—固定铝合金卡件—安装玻璃并用密封胶收口—完成面处理

b. 用料及工艺分析

① 地板防潮层材料有很多种，可根据预算及基址现状合理选择。

② 安装企口实木地板，地板用螺钉固定在木龙骨上。

③ 铝合金卡件用钢钉固定在地面上，安装完玻璃，用硅酮密封胶收口。

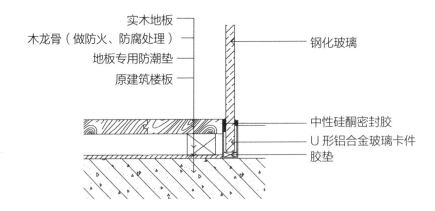

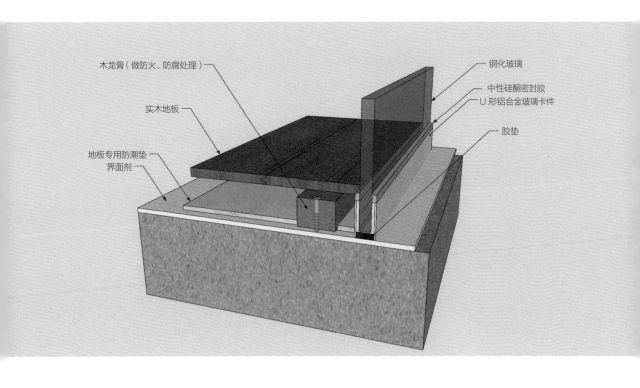

木龙骨（做防火、防腐处理）

实木地板

地板专用防潮垫
界面剂

钢化玻璃

中性硅酮密封胶

U形铝合金玻璃卡件

胶垫

a. 施工工序

施工准备—主材定制—水泥砂浆铺贴石材—清理预留缝隙—用结构胶固定安装推拉门地轨道

b. 用料及工艺分析

① 根据地面的平整程度确定 1 ：3 水泥砂浆找平层的厚度。

② 根据场地尺寸加工安装推拉门地轨道成品。

③ 轨道安装尺寸要精准、平直，结合限位器固定推拉门。

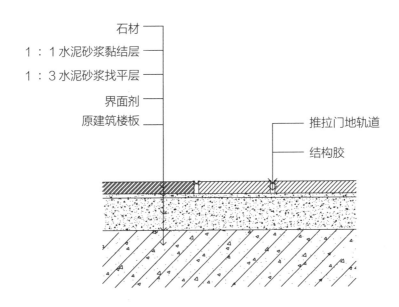

石材
1：1 水泥砂浆黏结层
1：3 水泥砂浆找平层
界面剂
原建筑楼板
推拉门地轨道
结构胶

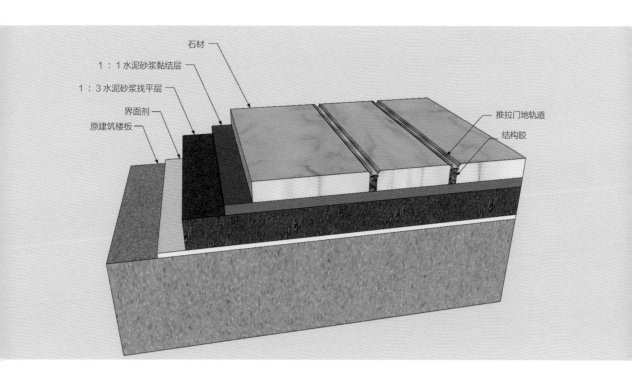

石材

1：1水泥砂浆黏结层

1：3水泥砂浆找平层

界面剂

原建筑楼板

推拉门地轨道

结构胶

2.22　铝型材轨道门槛

a. 施工工序

施工准备—主材定制—水泥砂浆铺贴石材—将预留轨道工作面清理干净—结构胶固定地轨—安装地轨道推拉门

b. 用料及工艺分析

① 水泥砂浆找平层的厚度需根据地面的平整程度确定。

② 推拉门地轨道成品，根据场地尺寸加工安装。

③ 轨道安装尺寸要精准、平直，结合限位器固定推拉门。

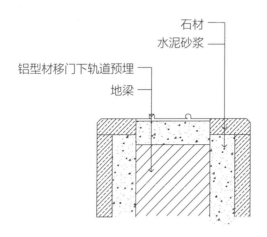

石材
水泥砂浆
铝型材移门下轨道预埋
地梁

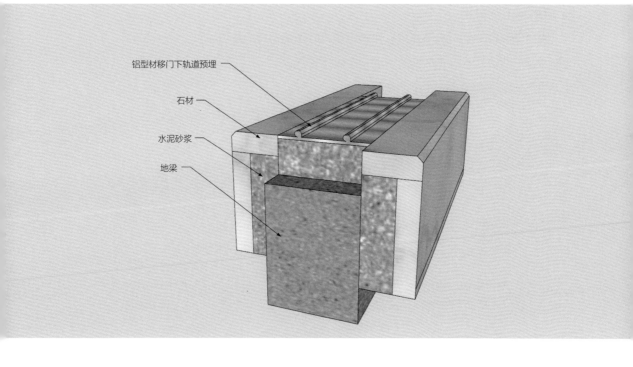

铝型材移门下轨道预埋

石材

水泥砂浆

地梁

a. 施工工序

施工准备—主材定制—水泥砂浆铺贴石材过门石—铺设防潮层—木龙骨找平—铺装实木地板—完成面处理

b. 用料及工艺分析

① 地板防潮层材料可以有很多种，可根据预算及基址现状合理选择。

② 安装企口实木地板，地板用螺钉固定在木龙骨上。

③ 安装双层龙骨可提高平整度、提升脚感。

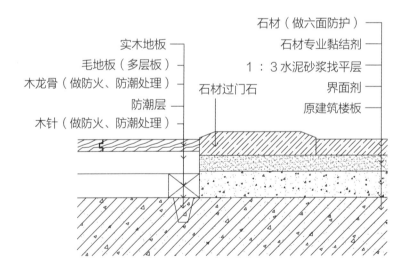

石材（做六面防护）
实木地板
石材专业黏结剂
毛地板（多层板）
1：3水泥砂浆找平层
木龙骨（做防火、防潮处理）
石材过门石
界面剂
防潮层
原建筑楼板
木针（做防火、防潮处理）

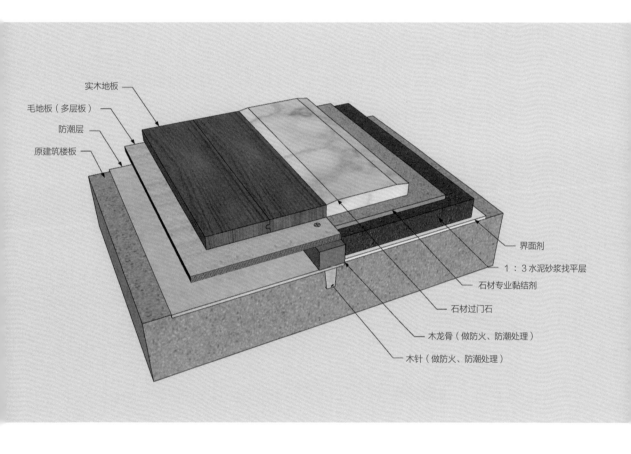

实木地板

毛地板（多层板）

防潮层

原建筑楼板

界面剂

1：3水泥砂浆找平层

石材专业黏结剂

石材过门石

木龙骨（做防火、防潮处理）

木针（做防火、防潮处理）

a. 施工工序

施工准备—主材定制—水泥砂浆铺贴石材过门石—铺设水泥砂浆找平层—固定金属收边条—固定钉板及地毯胶垫—铺装地毯—安装门及门套—完成面处理

b. 用料及工艺分析

① 用胶固定不锈钢收边条。

② 实木门口工艺（安装实木门口线或实木门套线）在最后完成，保证完成面效果。

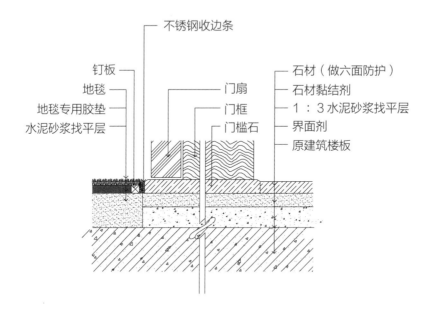

不锈钢收边条

钉板
地毯
地毯专用胶垫
水泥砂浆找平层

门扇
门框
门槛石

石材（做六面防护）
石材黏结剂
1：3 水泥砂浆找平层
界面剂
原建筑楼板

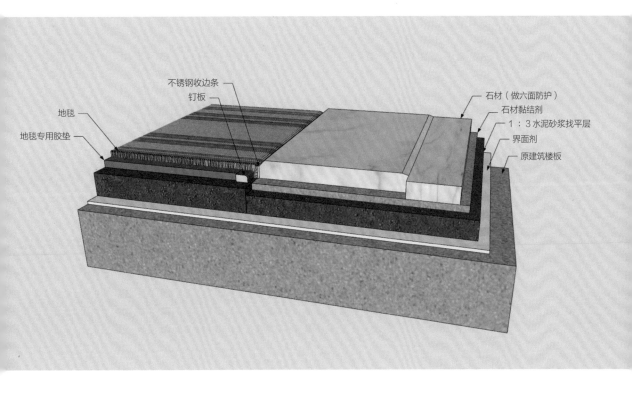

不锈钢收边条
钉板
地毯
地毯专用胶垫
石材（做六面防护）
石材黏结剂
1∶3水泥砂浆找平层
界面剂
原建筑楼板

墙面节点

3.1 混凝土墙乳胶漆饰面

a. 施工工序

施工准备—现场放线—涂刷界面剂—铺设 20 mm 厚 1 ： 2.5 水泥砂浆—刮腻子三遍磨平—封闭底涂料—涂刷白色乳胶漆两遍

b. 用料及工艺分析

① 混凝土隔墙表面清理干净，墙面滚涂界面剂一遍。

② 20 mm 厚 1 ： 2.5 水泥砂浆找平，原浆亚光。

③ 满刮腻子三遍，一底两面，每遍干透后需打磨找平。

④ 封闭底涂料一道（注：与施工中常说的"一度（即一遍）"不同，一道指完整的工序，包括处理流挂、打磨、清理、刷涂或喷涂等），待干燥后修补、打磨。

⑤ 涂刷第三遍涂料时要格外注意涂刷均匀，滚涂要循序渐进，最好采用喷涂方式。

⑥ 施工完成，做成品保护。

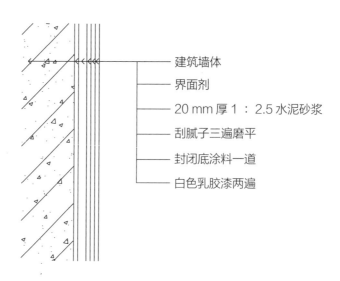

建筑墙体
界面剂
20 mm 厚 1 ： 2.5 水泥砂浆
刮腻子三遍磨平
封闭底涂料一道
白色乳胶漆两遍

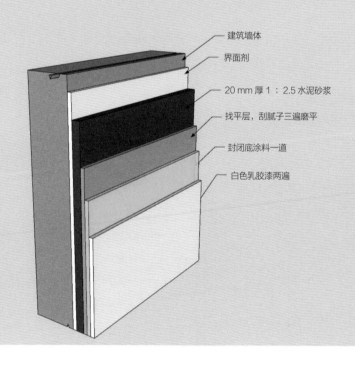

建筑墙体

界面剂

20 mm 厚 1 : 2.5 水泥砂浆

找平层，刮腻子三遍磨平

封闭底涂料一道

白色乳胶漆两遍

3.2　轻钢龙骨隔墙乳胶漆饰面

a. 施工工序

施工准备—现场放线—以75轻钢龙骨为隔墙龙骨—封装纸面石膏板—刮腻子三遍磨平—封闭底涂料一道—涂刷白色乳胶漆两遍

b. 用料及工艺分析

① 石膏板与板接缝留 1 mm 宽，两边各倒边 2 mm 宽，合拼 V 字口 5 mm 缝，填满嵌缝膏，封嵌缝带。

② 自攻螺钉平头应嵌入 1 mm 深，钉眼用防锈腻子补平。

③ 刮腻子三遍，每遍干透后打磨找平。

④ 施工完成，做成品保护。

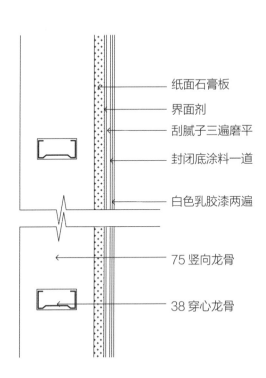

纸面石膏板

界面剂

刮腻子三遍磨平

封闭底涂料一道

白色乳胶漆两遍

75 竖向龙骨

38 穿心龙骨

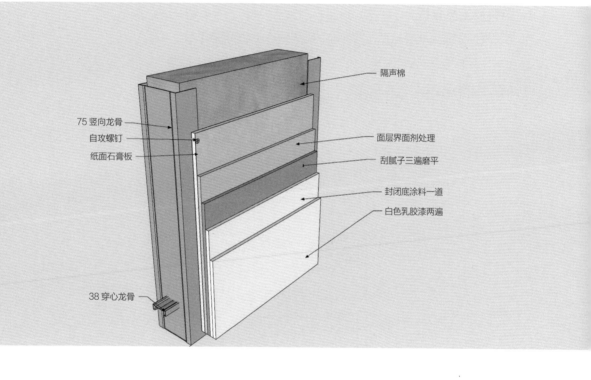

75 竖向龙骨

自攻螺钉

纸面石膏板

38 穿心龙骨

隔声棉

面层界面剂处理

刮腻子三遍磨平

封闭底涂料一道

白色乳胶漆两遍

a. 施工工序

施工准备—现场放线—地面钢筋混凝土地梁施工—用膨胀螺栓固定天地龙骨—固定竖向龙骨—安装穿心龙骨—固定饰面板—完成面处理

b. 用料及工艺分析

① 地面钢筋混凝土地梁施工，做防水、防潮处理，加固墙体。

② 上下方分别固定 75 天龙骨、75 地龙骨，安装 75 竖向轻钢龙骨。

③ 安装 38 穿心龙骨，完成基层施工，要确保结构稳定。

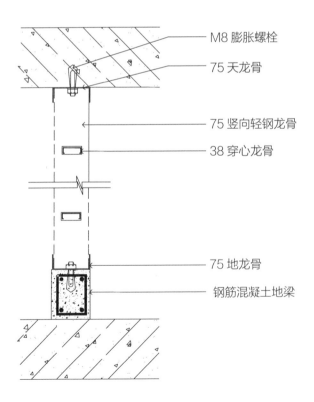

M8 膨胀螺栓

75 天龙骨

75 竖向轻钢龙骨

38 穿心龙骨

75 地龙骨

钢筋混凝土地梁

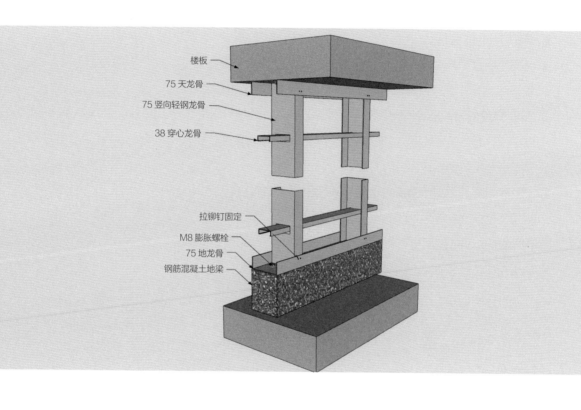

楼板

75 天龙骨

75 竖向轻钢龙骨

38 穿心龙骨

拉铆钉固定

M8 膨胀螺栓

75 地龙骨

钢筋混凝土地梁

3.4 石材干挂墙面

a. 施工工序

主材定制—施工准备—现场放线—材料加工—用膨胀螺栓固定预埋钢板—焊接槽钢及角钢的钢结构—固定金属挂件—整体找平—挂贴石材—完成面处理

b. 用料及工艺分析

① 选用厚度为 18 mm 的石材，上下口做 3 mm 倒角，均需经过六面防护、结晶处理。

② 在钢筋混凝土墙体上固定镀锌钢板，一般用 M8 膨胀螺栓固定。

③ 高度不超过 4 m 的墙体采用 8 号槽钢，高于 4 m 的墙体采用 10 号槽钢。

④ 在干挂件无法满足造型需求的情况下，采用满焊 5 号角钢转接件，以调整完成面与墙体的间距。

⑤ 满焊 8 号镀锌槽钢作为竖向龙骨。

⑥ 满焊 5 号镀锌角钢作为横向龙骨，由石材的排列方式决定角钢的间距。

⑦ 固定不锈钢干挂件。

⑧ 用云石胶加 AB 胶固定石材。

⑨ 施工完成，做成品保护。

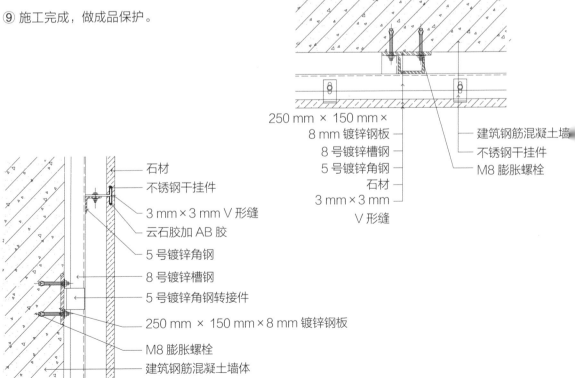

250 mm × 150 mm × 8 mm 镀锌钢板
8 号镀锌槽钢
5 号镀锌角钢
石材
3 mm × 3 mm
V 形缝

建筑钢筋混凝土墙
不锈钢干挂件
M8 膨胀螺栓

石材
不锈钢干挂件
3 mm × 3 mm V 形缝
云石胶加 AB 胶
5 号镀锌角钢
8 号镀锌槽钢
5 号镀锌角钢转接件
250 mm × 150 mm ×8 mm 镀锌钢板
M8 膨胀螺栓
建筑钢筋混凝土墙体

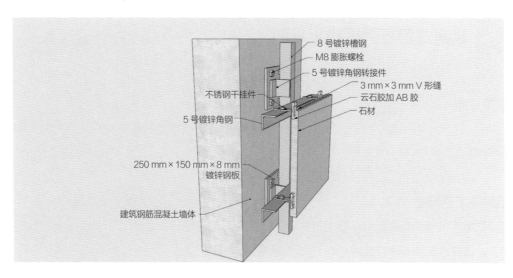

8 号镀锌槽钢

M8 膨胀螺栓

5 号镀锌角钢转接件

3 mm×3 mm V 形缝

云石胶加 AB 胶

石材

不锈钢干挂件

5 号镀锌角钢

250 mm×150 mm×8 mm
镀锌钢板

建筑钢筋混凝土墙体

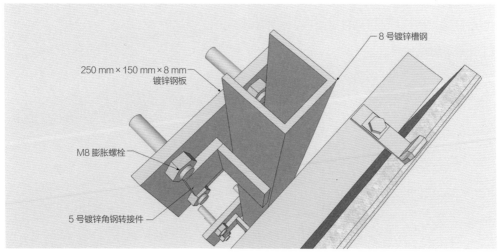

8 号镀锌槽钢

250 mm×150 mm×8 mm
镀锌钢板

M8 膨胀螺栓

5 号镀锌角钢转接件

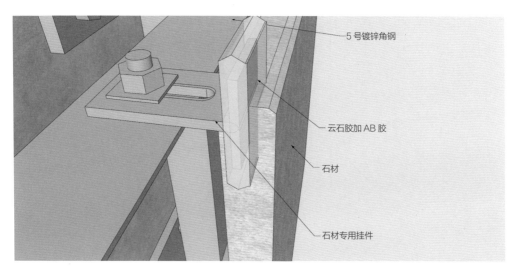

5 号镀锌角钢

云石胶加 AB 胶

石材

石材专用挂件

3.5 轻钢龙骨石膏板找平墙面

a. 施工工序

施工准备—现场放线—固定 U 形轻钢主龙骨、覆面龙骨—封装纸面石膏板—刮腻子三遍磨平—封闭底涂料一道—涂刷白色乳胶漆两遍

b. 用料及工艺分析

① 用膨胀螺栓将卡式龙骨固定在墙面上并调平，覆面龙骨间距 300 mm。

② 用自攻螺钉将纸面石膏板基层与 U 形覆面龙骨固定。

③ 自攻螺钉平头应嵌入 1 mm 深，钉眼用防锈腻子补平。

④ 刮腻子三遍，每遍干透后需打磨找平。

⑤ 施工完成，做成品保护。

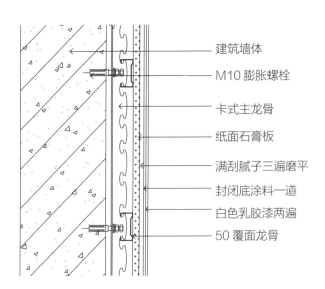

建筑墙体
M10 膨胀螺栓
卡式主龙骨
纸面石膏板
满刮腻子三遍磨平
封闭底涂料一道
白色乳胶漆两遍
50 覆面龙骨

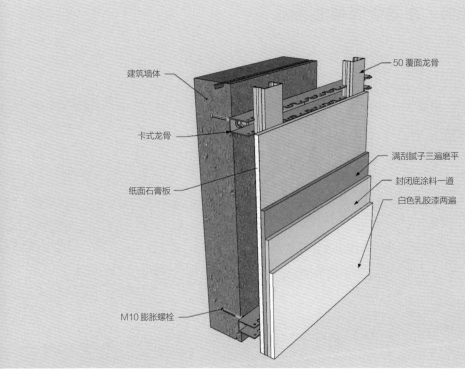

建筑墙体

50 覆面龙骨

卡式龙骨

满刮腻子三遍磨平

封闭底涂料一道

白色乳胶漆两遍

纸面石膏板

M10 膨胀螺栓

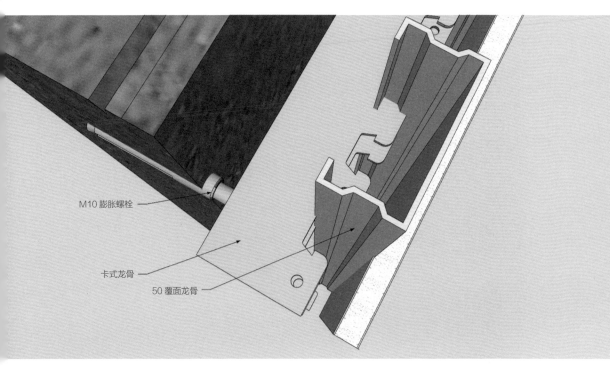

M10 膨胀螺栓

卡式龙骨

50 覆面龙骨

实木挂板·木龙骨混凝土隔墙

a. 施工工序

主材定制—施工准备—现场放线—材料加工—木针及木龙骨找平—木工板打底—双向固定实木挂条—挂木饰面板—完成面处理

b. 用料及工艺分析

① 30 mm×40 mm 木龙骨间距 300 mm，刷防火涂料三遍，用钢钉与木针将其固定在钢筋混凝土墙体内。

② 12 mm 厚多层板基层做找平处理，用自攻螺钉将其与木龙骨固定，刷防火涂料三遍。

③ 木挂条间距 300 mm，用枪钉将其与多层板固定，木挂条背面刷胶，并刷防火涂料三遍。

④ 安装木饰面卡件，调整木饰面平整度。

⑤ 施工完成，做成品保护。

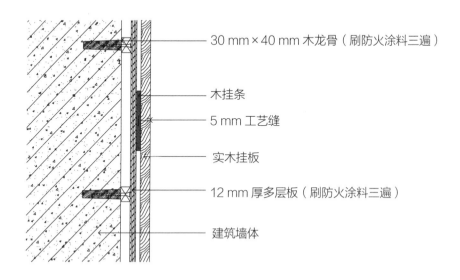

- 30 mm×40 mm 木龙骨（刷防火涂料三遍）
- 木挂条
- 5 mm 工艺缝
- 实木挂板
- 12 mm 厚多层板（刷防火涂料三遍）
- 建筑墙体

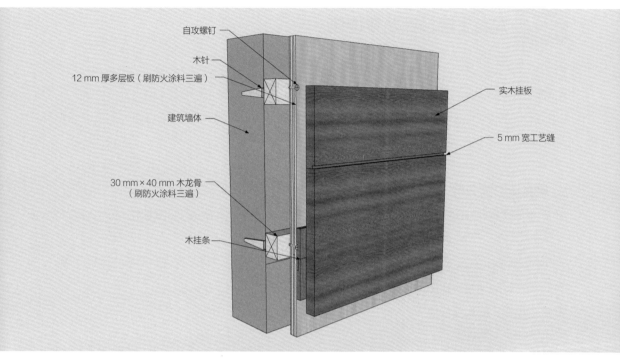

自攻螺钉

木针

12 mm 厚多层板（刷防火涂料三遍）

建筑墙体

30 mm×40 mm 木龙骨
（刷防火涂料三遍）

木挂条

实木挂板

5 mm 宽工艺缝

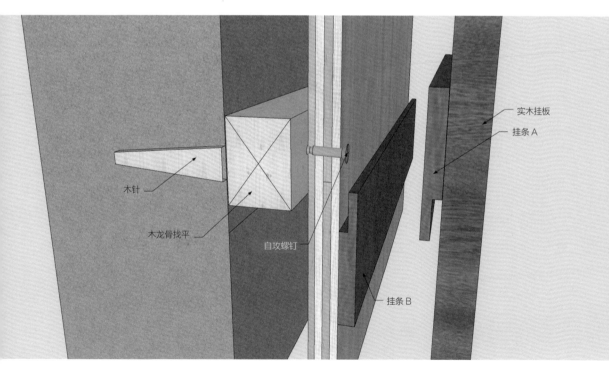

木针

木龙骨找平

自攻螺钉

挂条 B

实木挂板

挂条 A

3.7 混凝土墙轻钢龙骨硬包

a. 施工工序

主材定制—施工准备—现场放线—材料加工—轻钢龙骨墙面找平—木工板打底—硬包墙面安装—完成面处理

b. 用料及工艺分析

① 用膨胀螺栓把卡式龙骨固定在混凝土墙上，间距 450 mm，安装 U 形轻钢龙骨，与卡式龙骨卡槽连接固定，间距 300 mm。

② 18 mm 厚细木工板基层打底，用自攻螺钉将其固定在 U 形轻钢龙骨上，刷防火涂料三遍。

③ 将制作好的硬包模块用枪钉固定在细木工板基层上。

④ 施工完成，做成品保护。

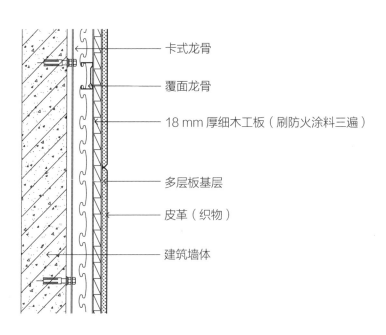

卡式龙骨

覆面龙骨

18 mm 厚细木工板（刷防火涂料三遍）

多层板基层

皮革（织物）

建筑墙体

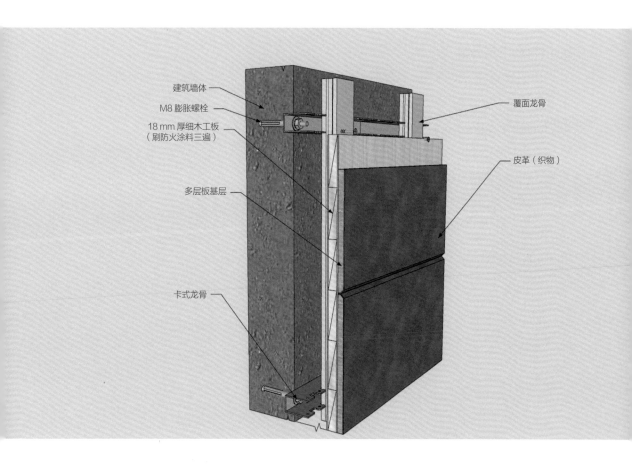

建筑墙体

M8 膨胀螺栓

18 mm 厚细木工板
（刷防火涂料三遍）

多层板基层

卡式龙骨

覆面龙骨

皮革（织物）

3.8 石材窗台板

a. 施工工序

主材定制—施工准备—现场放线—材料加工—基层处理—铺设水泥砂浆结合层—铺贴石材—硅酮耐候胶收边—完成面处理

b. 用料及工艺分析

① 选用 20 mm 厚的大理石，场外加工成半成品。

② 铺贴石材，用普通硅酸盐水泥配细沙或粗砂铺贴。

③ 石材需做六面防护（涂刷防护剂）。

④ 用硅酮耐候胶收边并做好清洁。

⑤ 施工完成，做成品保护。

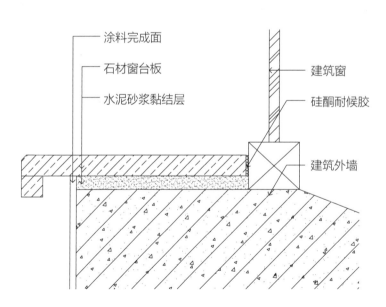

涂料完成面
石材窗台板
水泥砂浆黏结层
建筑窗
硅酮耐候胶
建筑外墙

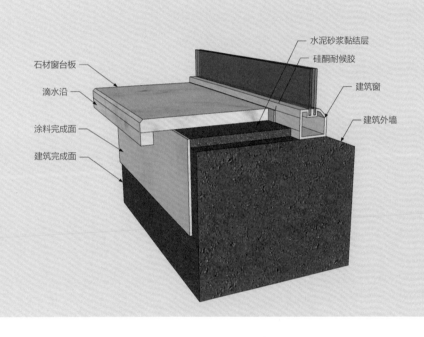

石材窗台板

滴水沿

涂料完成面

建筑完成面

水泥砂浆黏结层

硅酮耐候胶

建筑窗

建筑外墙

a. 施工工序

准备工作—现场放线—材料加工—基层处理—固定木龙骨框架并调平—固定基层板—安装成品不锈钢收边条及软包—完成面处理

b. 用料及工艺分析

① 需注意造型规格与材料尺寸，场外加工，施工时要精准对位。

② 注意软包布料和基层热胀冷缩的问题，布面会容易松弛。

③ 基层板需做三防（防火、防潮、防蛀）处理。

④ 施工完成，做成品保护。

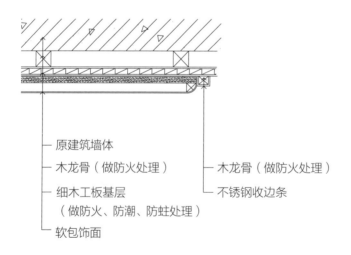

— 原建筑墙体

— 木龙骨（做防火处理）   — 木龙骨（做防火处理）

— 细木工板基层   — 不锈钢收边条
（做防火、防潮、防蛀处理）

— 软包饰面

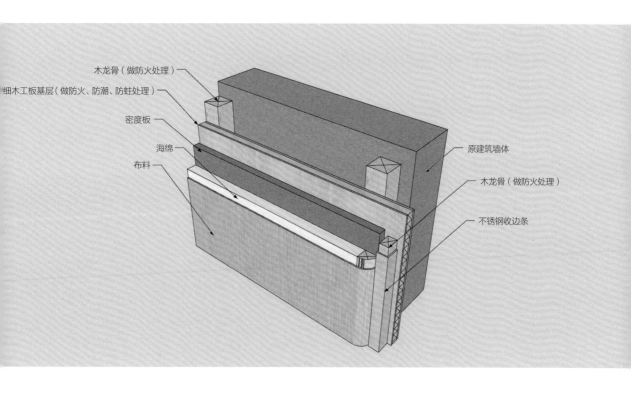

木龙骨（做防火处理）

细木工板基层（做防火、防潮、防蛀处理）

密度板

海绵

布料

原建筑墙体

木龙骨（做防火处理）

不锈钢收边条

a. 施工工序

施工准备—现场放线—材料加工—涂刷界面剂—铺设水泥砂浆找平层—防水保护层做拉毛处理—水泥砂浆铺贴马赛克砖—揭纸、调缝、勾缝—完成面处理

b. 用料及工艺分析

① 选用的马赛克砖需表面平整、尺寸正确、边棱整齐。

② 原建筑墙面需涂刷界面剂。

③ 用水泥砂浆做找平处理，一定要保证平整度。

④ 防水层施工需符合规范，并且做完防水层后，需用水泥砂浆做防水保护层。

⑤ 防水保护层做拉毛处理，保证水泥砂浆黏结层的附着力。

⑥ 用水泥砂浆铺贴马赛克砖。

⑦ 待水泥砂浆完全干固后，揭纸、调缝、勾缝。

⑧ 施工完成，做成品保护。

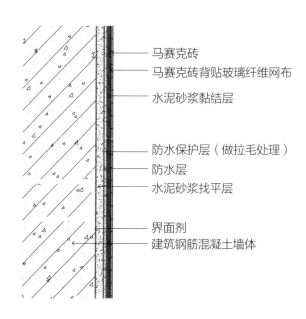

- 马赛克砖
- 马赛克砖背贴玻璃纤维网布
- 水泥砂浆黏结层
- 防水保护层（做拉毛处理）
- 防水层
- 水泥砂浆找平层
- 界面剂
- 建筑钢筋混凝土墙体

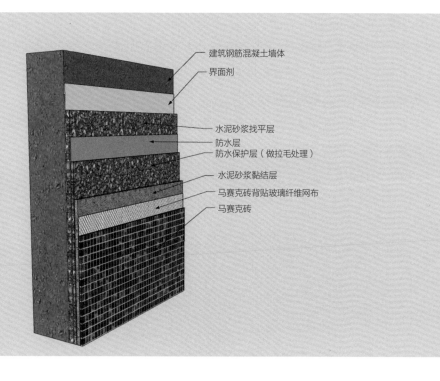

建筑钢筋混凝土墙体

界面剂

水泥砂浆找平层

防水层

防水保护层（做拉毛处理）

水泥砂浆黏结层

马赛克砖背贴玻璃纤维网布

马赛克砖

3.11 石材挂贴

a. 施工工序

施工准备—现场放线—材料加工—涂刷界面剂—铺设水泥砂浆找平层—固定金属挂件—挂贴石材—水泥砂浆灌浆—完成面处理

b. 用料及工艺分析

① 在 18 mm 厚石材背面涂刷防碱涂料，均需经过六面防护且表面做晶面处理。

② 石材安装前需开孔，方便挂件固定。

③ 在建筑墙体上固定膨胀螺栓。

④ 在石材与墙体之间填充水泥砂浆，即灌浆。

⑤ 施工完成，做成品保护。

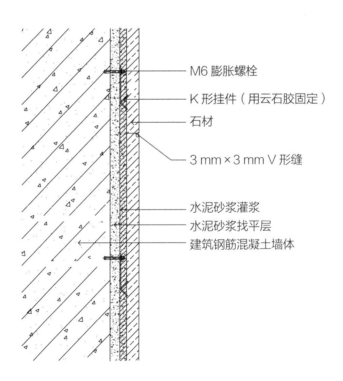

M6 膨胀螺栓

K 形挂件（用云石胶固定）

石材

3 mm×3 mm V 形缝

水泥砂浆灌浆

水泥砂浆找平层

建筑钢筋混凝土墙体

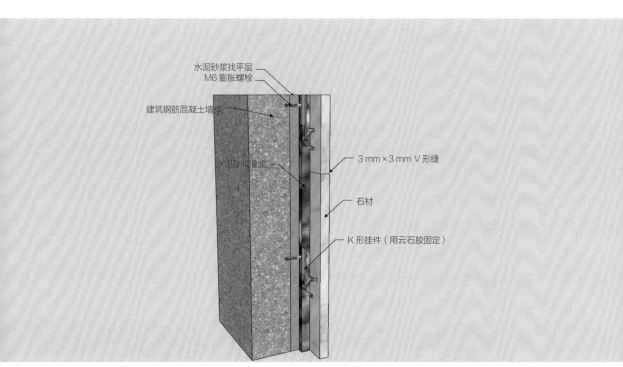

水泥砂浆找平层
M6 膨胀螺栓
建筑钢筋混凝土墙体
水泥砂浆灌浆
3 mm×3 mm V 形缝
石材
K 形挂件（用云石胶固定）

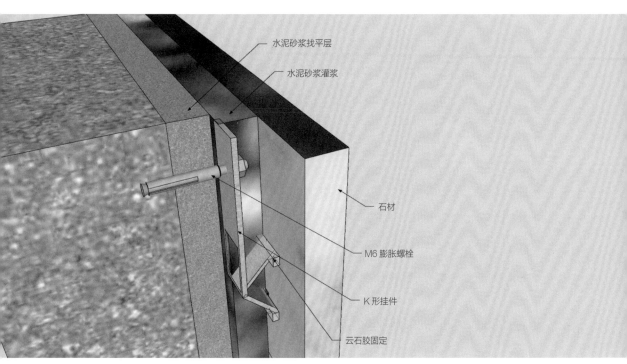

水泥砂浆找平层
水泥砂浆灌浆
石材
M6 膨胀螺栓
K 形挂件
云石胶固定

3.12　烤漆玻璃饰面 · 轻钢龙骨木工板基底

a. 施工工序

主材定制—施工准备—现场放线—材料加工—固定轻钢龙骨隔墙—制作木饰面找平层—玻璃结构
使用专用胶黏结—完成面处理

b. 用料及工艺分析

① 场外加工烤漆玻璃物料，保证其无划痕、无损伤，漆膜均匀稳定。

② 隔墙使用 75 轻钢龙骨固定，内部填充隔声材料。

③ 基层板做防火、防腐处理。

④ 使用艺术玻璃专用胶安装烤漆玻璃。

⑤ 安装完成，并做好清理。

⑥ 施工完成，做成品保护。

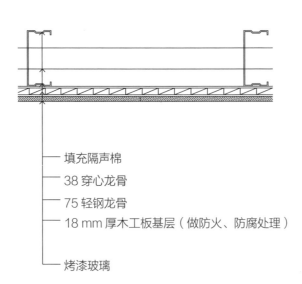

———— 填充隔声棉

———— 38 穿心龙骨

———— 75 轻钢龙骨

———— 18 mm 厚木工板基层（做防火、防腐处理）

———— 烤漆玻璃

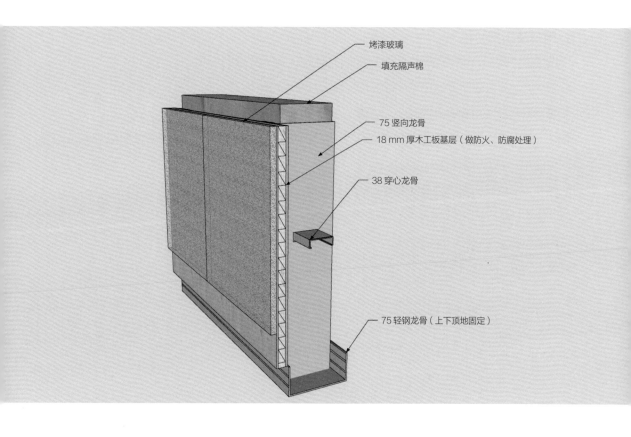

烤漆玻璃

填充隔声棉

75 竖向龙骨

18 mm 厚木工板基层（做防火、防腐处理）

38 穿心龙骨

75 轻钢龙骨（上下顶地固定）

a. 施工工序

主材定制—施工准备—现场放线—材料加工—用膨胀螺栓固定预埋钢板—焊接槽钢及角钢的钢结构—固定金属挂件—整体找平—挂贴石材—完成面处理

b. 用料及工艺分析

① 选用厚度为 18 mm 的石材,均需经过六面防护、结晶处理。

② 在钢筋混凝土地面上固定镀锌钢板,一般用 M8 膨胀螺栓固定。

③ 高度不超过 4 m 的柱体采用 8 号槽钢,高于 4 m 的柱体采用 10 号槽钢。

④ 在干挂件无法满足造型需求的情况下,采用满焊 5 号角钢转接件,以调整完成面与墙体的间距。

⑤ 满焊 10 号镀锌槽钢作为竖向龙骨。

⑥ 满焊 5 号镀锌角钢作为横向龙骨。

⑦ 固定不锈钢干挂件。

⑧ 用 AB 胶固定石材,安装完成。

⑨ 施工完成,做成品保护。

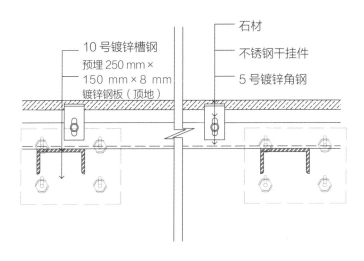

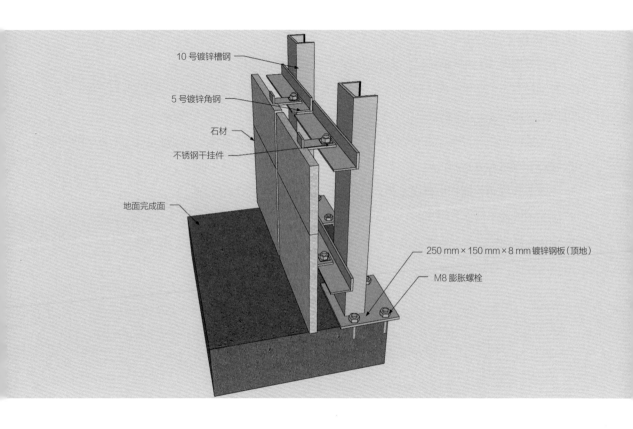

10 号镀锌槽钢

5 号镀锌角钢

石材

不锈钢干挂件

地面完成面

250 mm×150 mm×8 mm 镀锌钢板（顶地）

M8 膨胀螺栓

3.14　混凝土柱干挂石材

a. 施工工序

主材定制—施工准备—现场放线—材料加工—用膨胀螺栓固定预埋钢板—焊接槽钢及角钢的钢结构—固定金属挂件—整体找平—挂贴石材—完成面处理

b. 用料及工艺分析

① 选用厚度为 18 mm 的石材，均需经过六面防护、结晶处理。

② 在钢筋混凝土柱体上固定镀锌钢板，一般用 M8 膨胀螺栓固定。

③ 高度不超过 4 m 的柱体采用 8 号槽钢，高于 4 m 的柱体采用 10 号槽钢。

④ 在干挂件无法满足造型需求的情况下，采用满焊 5 号角钢转接件，以调整完成面与墙体的间距。

⑤ 满焊 8 号镀锌槽钢作为竖向龙骨。

⑥ 满焊 5 号镀锌角钢作为横向龙骨。

⑦ 固定不锈钢干挂件。

⑧ 用 AB 胶固定石材，安装完成。

⑨ 施工完成，做成品保护。

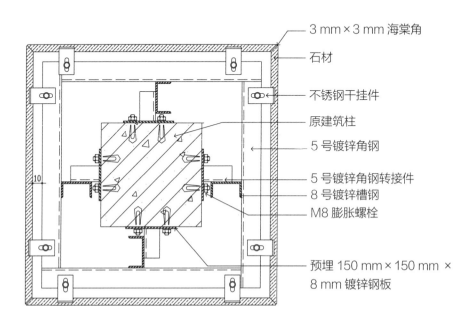

3 mm×3 mm 海棠角

石材

不锈钢干挂件

原建筑柱

5 号镀锌角钢

5 号镀锌角钢转接件

8 号镀锌槽钢

M8 膨胀螺栓

预埋 150 mm×150 mm×8 mm 镀锌钢板

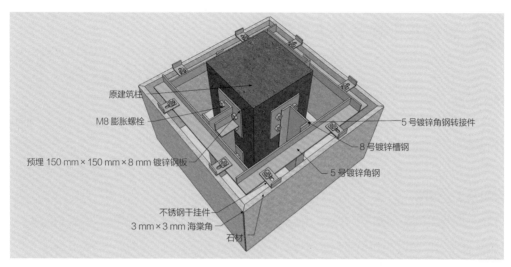

原建筑柱

M8 膨胀螺栓

预埋 150 mm × 150 mm × 8 mm 镀锌钢板

不锈钢干挂件

3 mm × 3 mm 海棠角

石材

5 号镀锌角钢转接件

8 号镀锌槽钢

5 号镀锌角钢

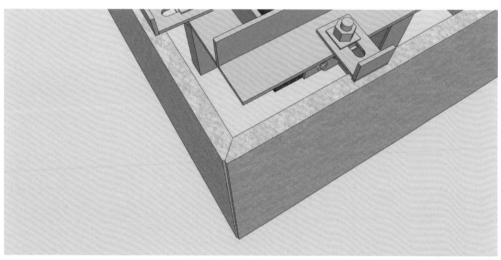

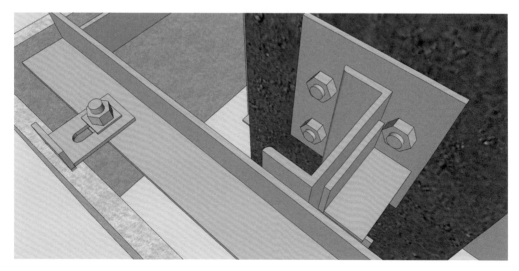

a. 施工工序

主材定制—施工准备—现场放线—材料加工—填充隔声岩棉—木工板打底—双向固定实木挂条—挂木饰面板—完成面处理

b. 用料及工艺分析

① 15 mm 厚多层板基层做找平处理，用自攻螺钉固定在轻钢龙骨上，刷防火涂料三遍。

② 木挂条间距 300 mm，用枪钉与多层板固定，木挂条背面刷胶，并刷防火涂料三遍。

③ 木挂条背面刷胶，用枪钉与木饰面固定。

④ 施工完成，做成品保护。

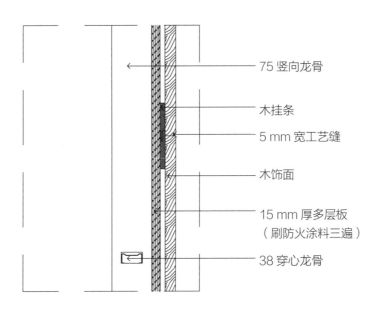

75 竖向龙骨

木挂条

5 mm 宽工艺缝

木饰面

15 mm 厚多层板
（刷防火涂料三遍）

38 穿心龙骨

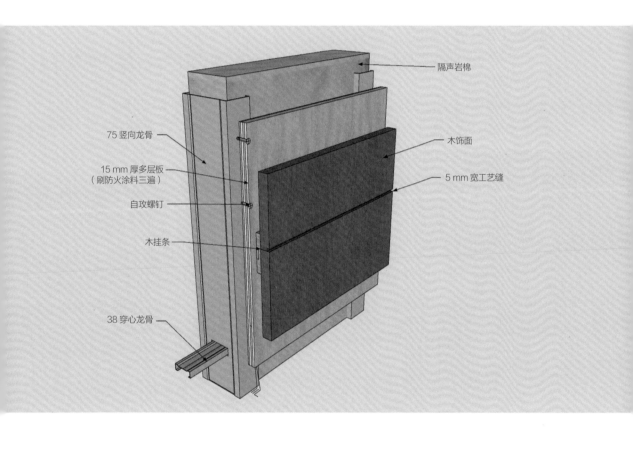

隔声岩棉

75 竖向龙骨

15 mm 厚多层板
（刷防火涂料三遍）

自攻螺钉

木挂条

38 穿心龙骨

木饰面

5 mm 宽工艺缝

a. 施工工序

主材定制—施工准备—现场放线—材料加工—制作木龙骨墙体—木工板打底—安装烤漆玻璃—安装软包墙面—完成面处理

b. 用料及工艺分析

① 30 mm×40 mm 木龙骨间距 300 mm，刷防火涂料三遍，用钢钉与木针固定，其中木针固定在混凝土墙体内。

② 18 mm 厚细木工板基层做找平处理，用钢钉固定在木龙骨上，刷防火涂料三遍。

③ 烤漆玻璃用结构胶固定。

④ 将制作好的软包模块用枪钉和结构胶固定在细木工板基层上。

⑤ 施工完成，做成品保护。

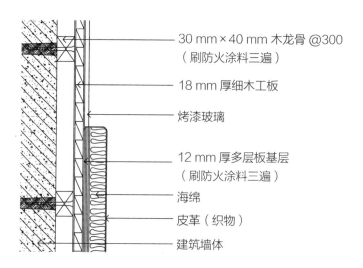

30 mm×40 mm 木龙骨 @300
（刷防火涂料三遍）

18 mm 厚细木工板

烤漆玻璃

12 mm 厚多层板基层
（刷防火涂料三遍）

海绵

皮革（织物）

建筑墙体

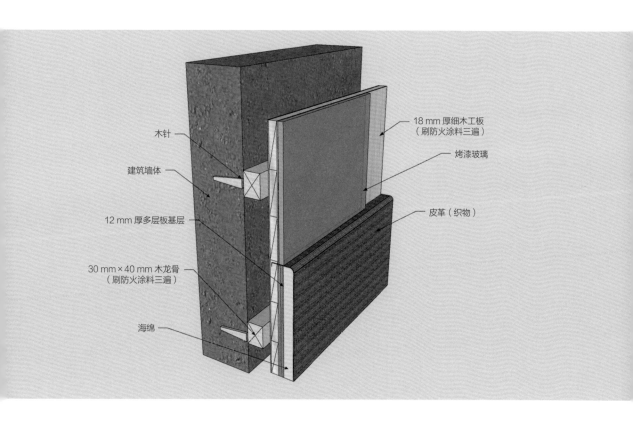

木针

建筑墙体

12 mm 厚多层板基层

30 mm×40 mm 木龙骨
（刷防火涂料三遍）

海绵

18 mm 厚细木工板
（刷防火涂料三遍）

烤漆玻璃

皮革（织物）

3.17 混凝土墙轻钢龙骨软包

a. 施工工序

主材定制—施工准备—现场放线—材料加工—轻钢龙骨墙面找平—木工板打底—安装软包墙面—完成面处理

b. 用料及工艺分析

① 用膨胀螺栓把卡式龙骨固定在混凝土墙上，间距 450 mm，安装 U 形轻钢龙骨并与卡式龙骨的卡槽连接固定，间距 300 mm。

② 用 18 mm 厚细木工板基层打底，并用钢钉将其与 U 形轻钢龙骨固定，刷防火涂料三遍。

③ 将制作好的软包模块用枪钉固定在细木工板基层上。

④ 施工完成，做成品保护。

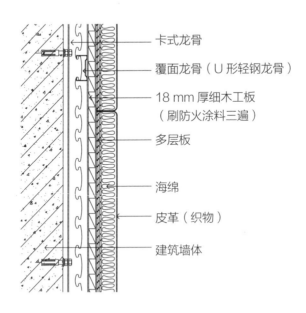

卡式龙骨

覆面龙骨（U 形轻钢龙骨）

18 mm 厚细木工板
（刷防火涂料三遍）

多层板

海绵

皮革（织物）

建筑墙体

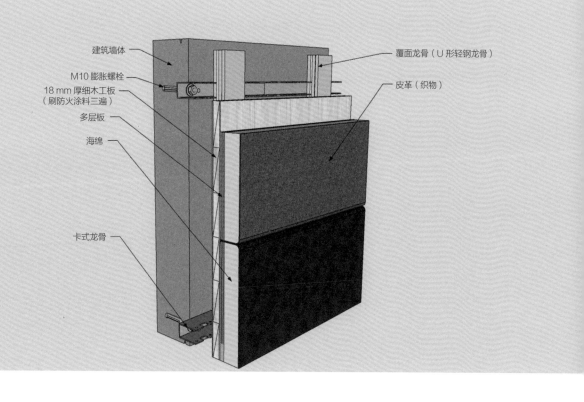

建筑墙体

覆面龙骨（U 形轻钢龙骨）

M10 膨胀螺栓

皮革（织物）

18 mm 厚细木工板
（刷防火涂料三遍）

多层板

海绵

卡式龙骨

3.18 石材电梯口与瓷砖墙面

a. 施工工序

主材定制—施工准备—现场放线—材料加工—安装膨胀螺栓—钢结构干挂—安装石材—完成面处理

b. 用料及工艺分析

① 选用大理石，需预先在场外定制造型。

② 选用瓷质抛光砖（俗称"玻化砖"），提前粘贴背砖并加固。

③ 石材需做六面防护。

④ 用专用填缝剂灌缝后，需擦缝、保洁。

⑤ 施工完成，做成品保护。

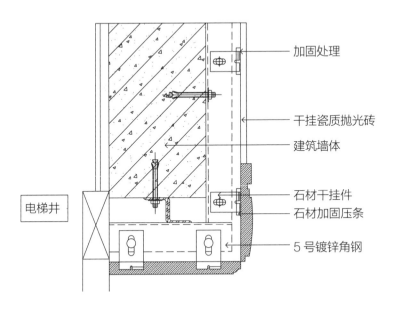

加固处理

干挂瓷质抛光砖

建筑墙体

电梯井

石材干挂件

石材加固压条

5 号镀锌角钢

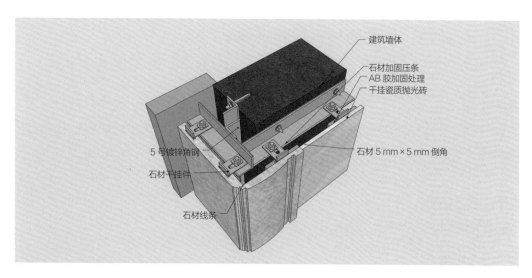

建筑墙体

石材加固压条
AB 胶加固处理
干挂瓷质抛光砖

5 号镀锌角钢

石材 5 mm×5 mm 倒角

石材干挂件

石材线条

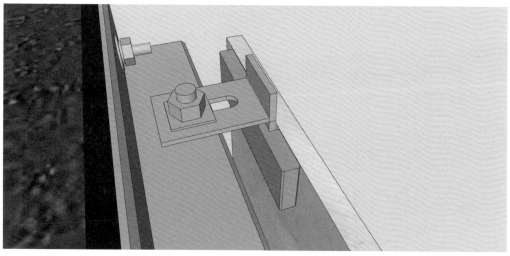

a. 施工工序

主材定制—施工准备—现场放线—材料加工—制作轻钢龙骨隔墙—固定木饰面基础—用硅酮结构胶铺贴石材—安装成品木饰面—完成面处理

b. 用料及工艺分析

① 选用场外加工石材，厚度为 20 mm，倒角 20 mm×5 mm。

② 提前定制成品木饰面。

③ 用硅酮结构胶铺贴石材。

④ 木饰面基础需做防火处理。

⑤ 石材需做六面防护。

⑥ 保证石材与木饰面拼接缝完整。

⑦ 施工完成，做成品保护。

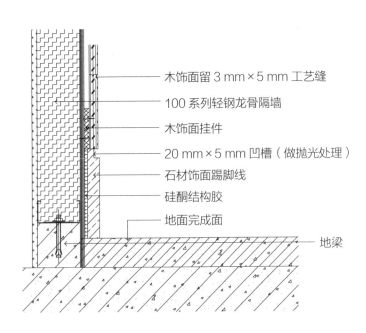

木饰面留 3 mm×5 mm 工艺缝

100 系列轻钢龙骨隔墙

木饰面挂件

20 mm×5 mm 凹槽（做抛光处理）

石材饰面踢脚线

硅酮结构胶

地面完成面

地梁

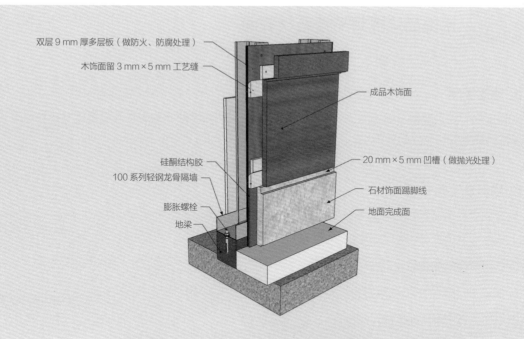

双层 9 mm 厚多层板（做防火、防腐处理）

木饰面留 3 mm × 5 mm 工艺缝

成品木饰面

硅酮结构胶

100 系列轻钢龙骨隔墙

膨胀螺栓

地梁

20 mm × 5 mm 凹槽（做抛光处理）

石材饰面踢脚线

地面完成面

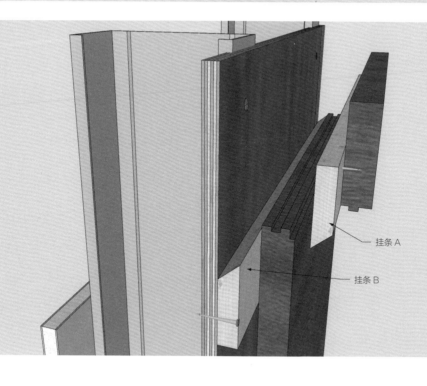

挂条 A

挂条 B

a. 施工工序

主材定制—施工准备—现场放线—材料加工—制作钢结构挂件—固定木饰面基础—挂贴石材—成品木饰面安装—完成面处理

b. 用料及工艺分析

① 定制成品木饰面基础材料——多层板。

② 木饰面基础需做三防（防火、防潮、防蛀）处理。

③ 石材需做六面防护。

④ 保证石材与木饰面拼接缝完整。

⑤ 石材干挂用专用 AB 胶，局部点粘云石胶。

⑥ 施工完成，做成品保护。

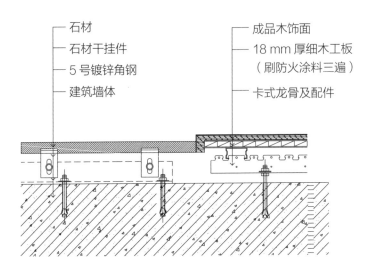

石材
石材干挂件
5 号镀锌角钢
建筑墙体

成品木饰面
18 mm 厚细木工板（刷防火涂料三遍）
卡式龙骨及配件

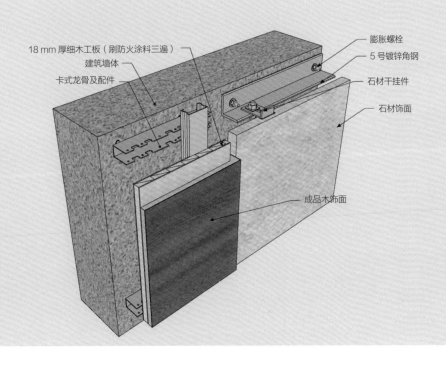

18 mm 厚细木工板（刷防火涂料三遍）

建筑墙体

卡式龙骨及配件

膨胀螺栓

5 号镀锌角钢

石材干挂件

石材饰面

成品木饰面

a. 施工工序

主材定制—施工准备—材料加工—制作轻钢龙骨隔墙—固定石材干挂结构框架—固定木饰面基础—干挂石材—安装成品木饰面—完成面处理

b. 用料及工艺分析

① 100 系列轻钢龙骨隔墙材料加工。

② 定制成品木饰面挂板。

③ 石材干挂用专用 AB 胶，局部点粘云石胶。

④ 木饰面基础需做三防（防火、防潮、防蛀）处理。

⑤ 石材需做六面防护。

⑥ 施工完成，做成品保护。

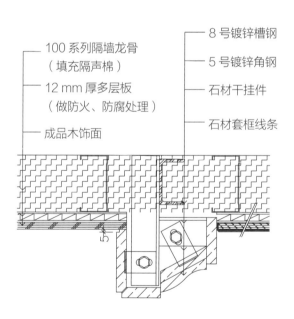

100 系列隔墙龙骨
（填充隔声棉）

12 mm 厚多层板
（做防火、防腐处理）

成品木饰面

8 号镀锌槽钢

5 号镀锌角钢

石材干挂件

石材套框线条

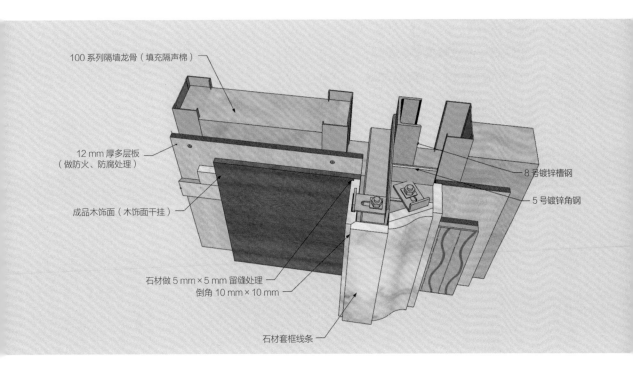

100 系列隔墙龙骨（填充隔声棉）

12 mm 厚多层板
（做防火、防腐处理）

成品木饰面（木饰面干挂）

石材做 5 mm×5 mm 留缝处理
倒角 10 mm×10 mm

石材套框线条

8 号镀锌槽钢

5 号镀锌角钢

a. 施工工序

主材定制—施工准备—现场放线—材料加工—基层处理—固定木饰面基础—固定石材干挂结构框架—干挂石材—安装成品木饰面—完成面处理

b. 用料及工艺分析

① 选用指定加工石材，厚度 20 mm。

② 定制成品木饰面挂板，预留 5 mm × 5 mm 工艺缝。

③ 石材干挂用专用 AB 胶，局部点粘云石胶。

④ 石材需做六面防护。

⑤ 保证石材与木饰面拼接缝完整。

⑥ 施工完成，做成品保护。

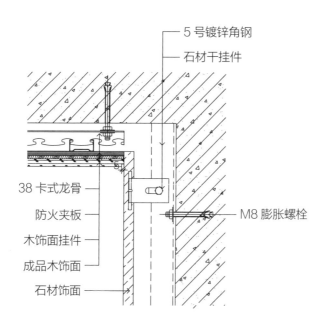

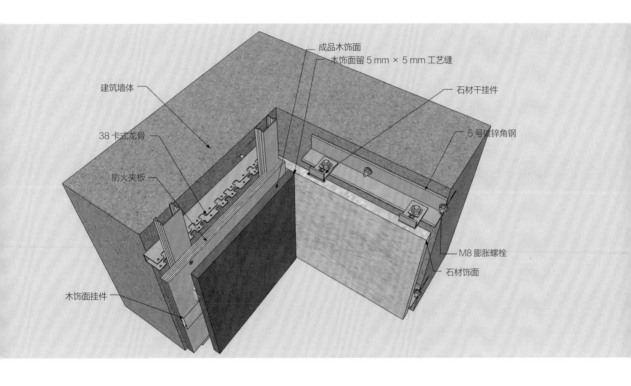

成品木饰面

木饰面留 5 mm × 5 mm 工艺缝

建筑墙体

石材干挂件

38 卡式龙骨

5 号镀锌角钢

防火夹板

M8 膨胀螺栓

石材饰面

木饰面挂件

3.23 石材干挂与实木挂板阳角

a. 施工工序

主材定制—施工准备—现场放线—材料加工—基层处理—固定石材干挂结构框架—制作轻钢龙骨隔墙—固定木饰面基础—干挂石材—安装成品木饰面—完成面处理

b. 用料及工艺分析

① 轻钢龙骨隔墙材料加工，选用 38 主龙骨、50 覆面龙骨。

② 安装木饰面基层、防火夹板。

③ 石材干挂用专用 AB 胶，局部点粘云石胶。

④ 木饰面基层需做三防（防火、防潮、防蛀）处理。

⑤ 石材需做六面防护。

⑥ 施工完成，做成品保护。

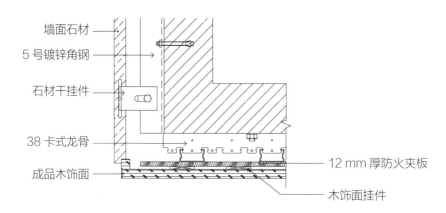

墙面石材
5 号镀锌角钢
石材干挂件
38 卡式龙骨
成品木饰面
12 mm 厚防火夹板
木饰面挂件

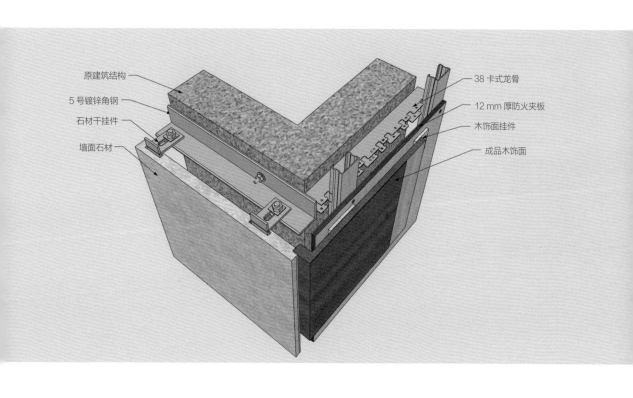

原建筑结构

5 号镀锌角钢

石材干挂件

墙面石材

38 卡式龙骨

12 mm 厚防火夹板

木饰面挂件

成品木饰面

a. 施工工序

主材定制—施工准备—现场放线—材料加工—基层处理—固定基层板材—干挂石材—成品软包安装—完成面处理

b. 用料及工艺分析

① 石材造型及沾边（石材边缘的小块造型石材）需要在石材厂加工好。

② 软包基层固定并做好找平及防火处理。

③ 石材干挂用专用 AB 胶加局部点粘云石胶。

④ 软包基层需做三防（防火、防潮、防蛀）处理。

⑤ 石材需做六面防护。

⑥ 软包造型、样式不一，一定要注意造型规格与材料尺寸。

⑦ 施工完成，做成品保护。

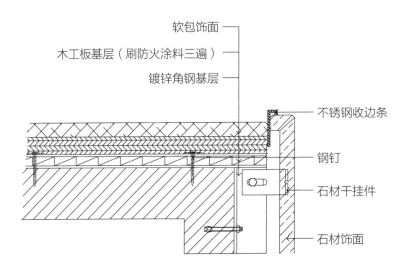

软包饰面

木工板基层（刷防火涂料三遍）

镀锌角钢基层

不锈钢收边条

钢钉

石材干挂件

石材饰面

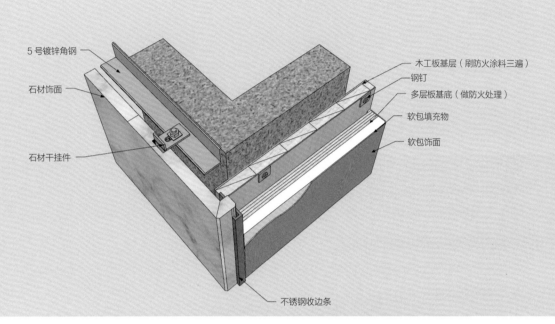

5号镀锌角钢

石材饰面

石材干挂件

木工板基层（刷防火涂料三遍）

钢钉

多层板基底（做防火处理）

软包填充物

软包饰面

不锈钢收边条

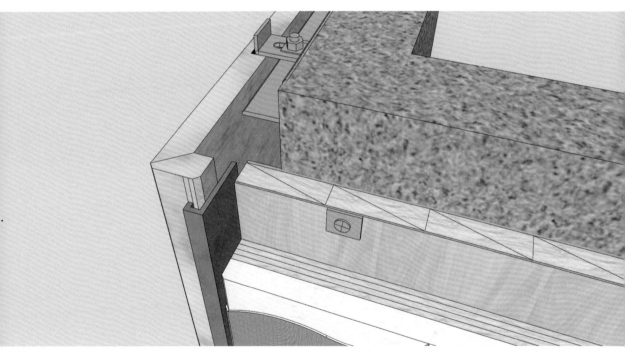

3.25 石材踢脚线与墙面软包

a. 施工工序

主材定制—施工准备—现场放线—材料加工—基层处理—基层固定并找平龙骨防火夹板—使用石材专用胶铺贴石材—安装成品软包—完成面处理

b. 用料及工艺分析

① 选用指定石材加工。

② 软包基层固定，安装防火夹板。

③ 用石材专用胶固定安装石材。

④ 软包基层需做三防（防火、防潮、防蛀）处理。

⑤ 石材需做六面防护。

⑥ 施工完成，做成品保护。

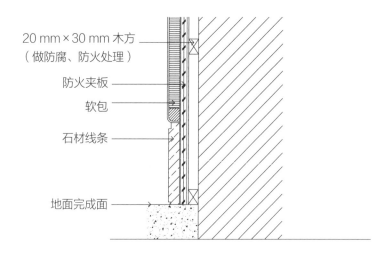

20 mm × 30 mm 木方
（做防腐、防火处理）

防火夹板

软包

石材线条

地面完成面

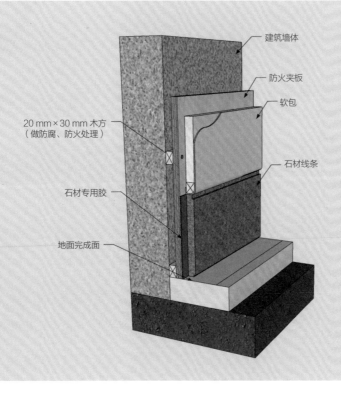

建筑墙体

防火夹板

软包

20 mm×30 mm 木方
（做防腐、防火处理）

石材线条

石材专用胶

地面完成面

a. 施工工序

主材定制—施工准备—现场放线—材料加工—基层处理—固定石材钢结构骨架—固定基层龙骨、基层板—用石材专用胶铺贴石材—成品硬包安装—完成面处理

b. 用料及工艺分析

① 选用指定石材并进行加工。

② 木饰面基层固定、找平。

③ 用石材专用胶固定安装石材。

④ 木饰面基层需做三防（防火、防潮、防蛀）处理。

⑤ 石材需做六面防护。

⑥ 施工完成，做成品保护。

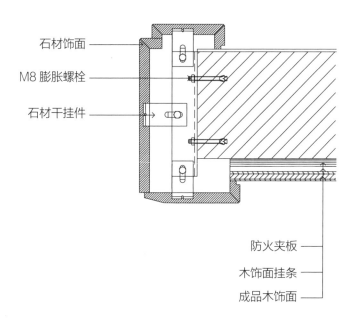

石材饰面

M8 膨胀螺栓

石材干挂件

防火夹板

木饰面挂条

成品木饰面

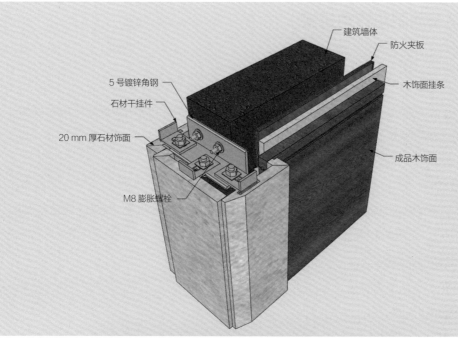

建筑墙体

防火夹板

木饰面挂条

5 号镀锌角钢

石材干挂件

成品木饰面

20 mm 厚石材饰面

M8 膨胀螺栓

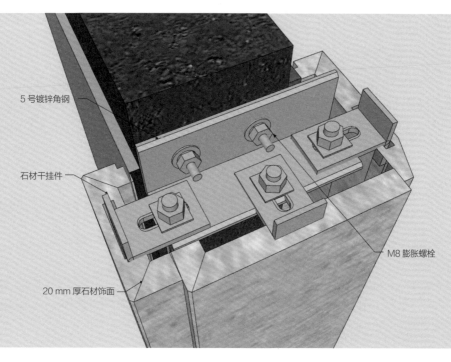

5 号镀锌角钢

石材干挂件

M8 膨胀螺栓

20 mm 厚石材饰面

a. 施工工序

主材定制—施工准备—现场放线—材料加工—基层处理—固定石材干挂结构框架—用石材专用AB胶铺贴石材—完成面处理

b. 用料及工艺分析

① 固定石材专用干挂配件，石材与石材拼接时，若在一个平面上，需做留缝、倒角、错位处理。

② 选用指定石材加工，固定框架并找平、加固。

③ 用石材专用AB胶固定安装石材。

④ 安装时倒5 mm × 5 mm海棠角。

⑤ 石材需做六面防护。

⑥ 用专用填缝剂灌缝后，需擦缝、保洁。

⑦ 施工完成，做成品保护。

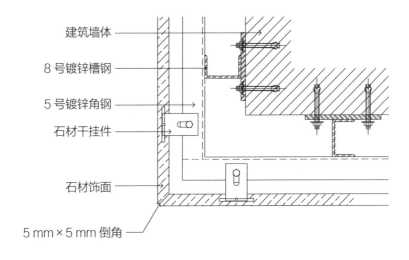

建筑墙体

8号镀锌槽钢

5号镀锌角钢

石材干挂件

石材饰面

5 mm×5 mm 倒角

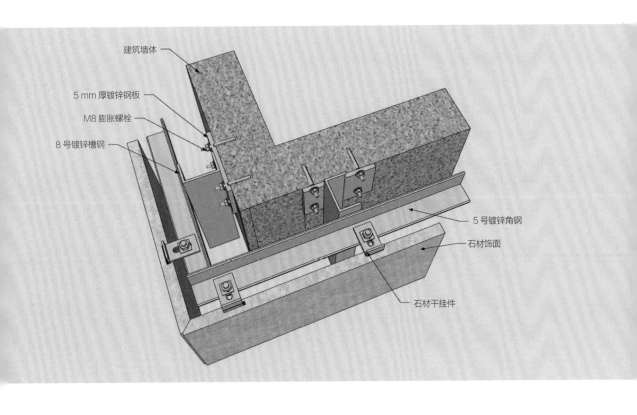

建筑墙体

5 mm 厚镀锌钢板

M8 膨胀螺栓

8 号镀锌槽钢

5 号镀锌角钢

石材饰面

石材干挂件

a. 施工工序

主材定制—施工准备—现场放线—材料加工—基层处理—固定石材干挂结构框架—用石材专用
AB 胶铺贴石材—完成面处理

b. 用料及工艺分析

① 安装石材专用干挂配件及钢结构基础。

② 用石材专用 AB 胶固定安装石材。

③ 安装时，阳角倒 3 mm × 3 mm 海棠角。

④ 石材需做六面防护（刷石材防护剂）。

⑤ 用专用填缝剂灌缝后，需擦缝、保洁。

⑥ 施工完成，做成品保护。

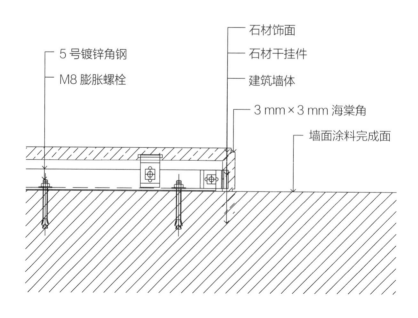

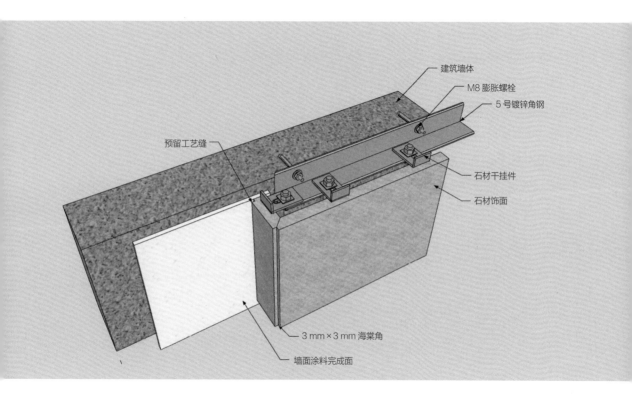

建筑墙体

M8 膨胀螺栓

5 号镀锌角钢

预留工艺缝

石材干挂件

石材饰面

3 mm × 3 mm 海棠角

墙面涂料完成面

a. 施工工序

主材定制—施工准备—现场放线—材料加工—固定石材干挂结构框架—制作镜框基底—干挂石材—安装镜面—安装不锈钢—完成面处理

b. 用料及工艺分析

① 场外加工石材、不锈钢、镜子，尺寸需依据现场复尺确定。

② 基底材料为镀锌钢材、木龙骨、防火夹板。

③ 石材用专用 AB 胶固定，并需做六面防护。

④ 不锈钢需场外定制，场内加工。

⑤ 施工完成，做成品保护。

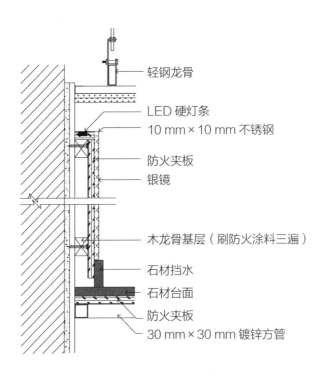

轻钢龙骨

LED 硬灯条
10 mm × 10 mm 不锈钢

防火夹板
银镜

木龙骨基层（刷防火涂料三遍）

石材挡水
石材台面
防火夹板
30 mm × 30 mm 镀锌方管

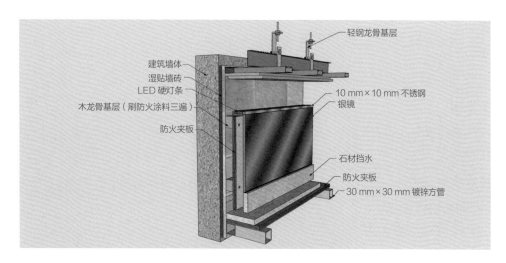

轻钢龙骨基层

建筑墙体

湿贴墙砖

LED 硬灯条

木龙骨基层（刷防火涂料三遍）

防火夹板

10 mm×10 mm 不锈钢

银镜

石材挡水

防火夹板

30 mm×30 mm 镀锌方管

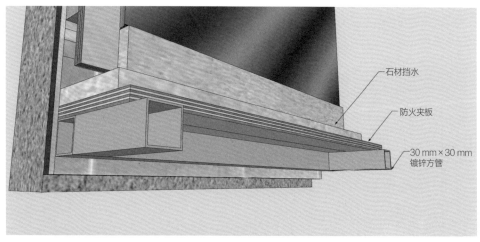

石材挡水

防火夹板

30 mm×30 mm 镀锌方管

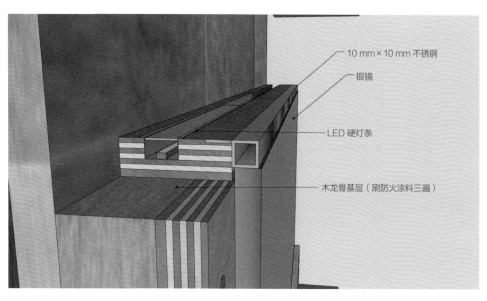

10 mm×10 mm 不锈钢

银镜

LED 硬灯条

木龙骨基层（刷防火涂料三遍）

3.30　干挂瓷砖

a. 施工工序
施工准备—现场放线—材料加工—固定墙砖干挂结构框架—干挂墙砖—完成面处理

b. 用料及工艺分析
① 墙砖需提前用云石胶固定。
② 用专用 AB 胶干挂墙砖。
③ 施工完成，做成品保护。

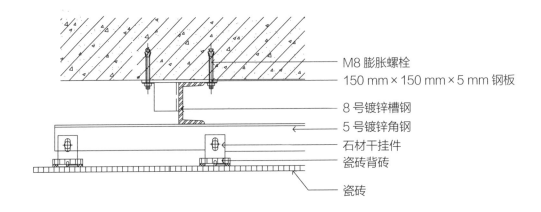

M8 膨胀螺栓
150 mm × 150 mm × 5 mm 钢板
8 号镀锌槽钢
5 号镀锌角钢
石材干挂件
瓷砖背砖
瓷砖

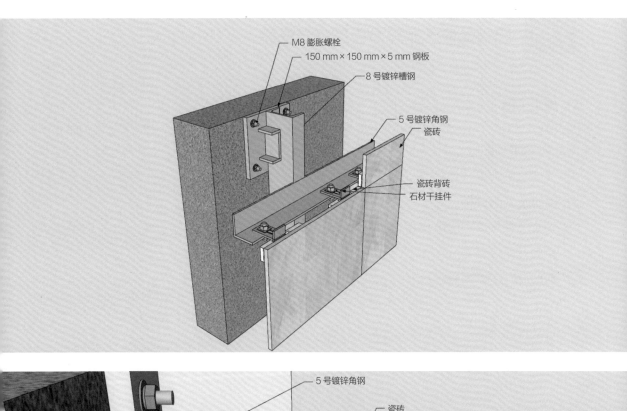

M8 膨胀螺栓
150 mm × 150 mm × 5 mm 钢板
8 号镀锌槽钢
5 号镀锌角钢
瓷砖
瓷砖背砖
石材干挂件

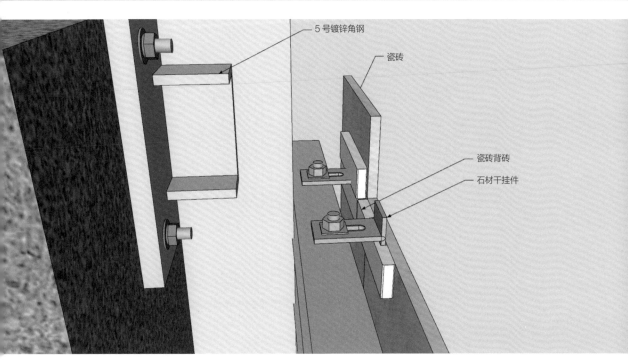

5 号镀锌角钢
瓷砖
瓷砖背砖
石材干挂件

a. 施工工序

施工准备—现场放线—制作轻钢龙骨隔墙—材料加工—固定水泥压力板—用瓷砖专用胶铺贴墙砖—完成面处理

b. 用料及工艺分析

① 制作 75 轻钢龙骨隔墙，内含隔声棉。

② 用瓷砖专用胶铺贴墙砖。

③ 施工完成，做成品保护。

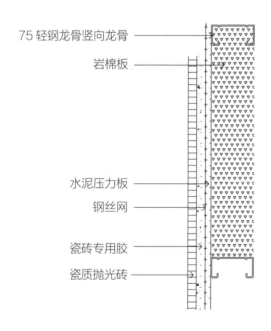

75 轻钢龙骨竖向龙骨

岩棉板

水泥压力板

钢丝网

瓷砖专用胶

瓷质抛光砖

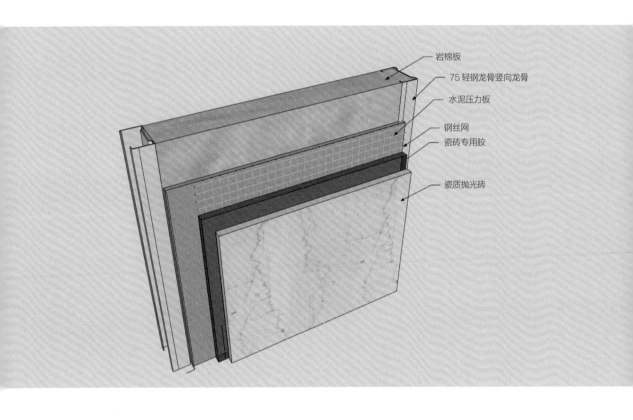

岩棉板

75 轻钢龙骨竖向龙骨

水泥压力板

钢丝网

瓷砖专用胶

瓷质抛光砖

a. 施工工序

主材定制—施工准备—现场放线—材料加工—基层处理—制作木饰面找平层—用结构胶铺贴石材—安装硬包—完成面处理

b. 用料及工艺分析

① 欧松板基层做防火处理。

② 石材与硬包用中性硅酮结构胶黏结。

③ 硬包与石材收口处预留工艺缝隙。

④ 石材需做六面防护。

⑤ 施工完成，做成品保护。

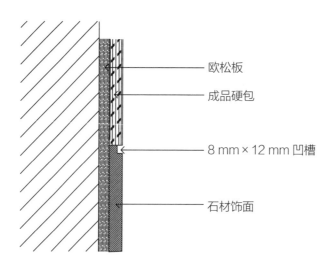

欧松板

成品硬包

8 mm × 12 mm 凹槽

石材饰面

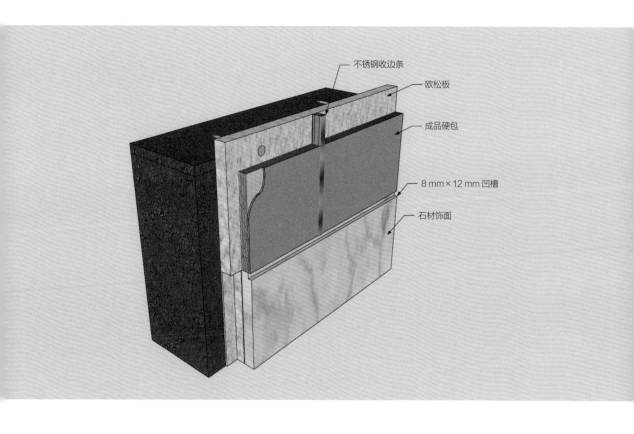

不锈钢收边条

欧松板

成品硬包

8 mm × 12 mm 凹槽

石材饰面

3.33 不锈钢电梯包口与干挂瓷砖墙面

a. 施工工序

主材定制—施工准备—现场放线—材料加工—基层处理—固定墙砖结构框架—固定木龙骨基础、防火夹板基层—干挂墙砖—安装不锈钢—完成面处理

b. 用料及工艺分析

① 镀锌角钢及干挂配件用膨胀螺栓固定。

② 木龙骨、防火夹板需涂刷两遍防火涂料。

③ 加工不锈钢时，需注意不锈钢的折弯尺寸。

④ 不锈钢易变形，安装时不可用硬物直接打在不锈钢面上，需增大其受力面积，以此防止不锈钢饰面变形。

⑤ 施工完成，做成品保护。

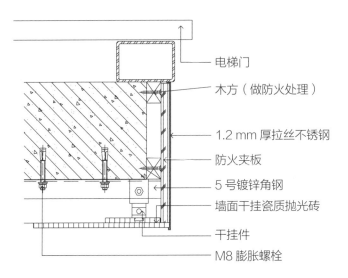

电梯门

木方（做防火处理）

1.2 mm 厚拉丝不锈钢

防火夹板

5 号镀锌角钢

墙面干挂瓷质抛光砖

干挂件

M8 膨胀螺栓

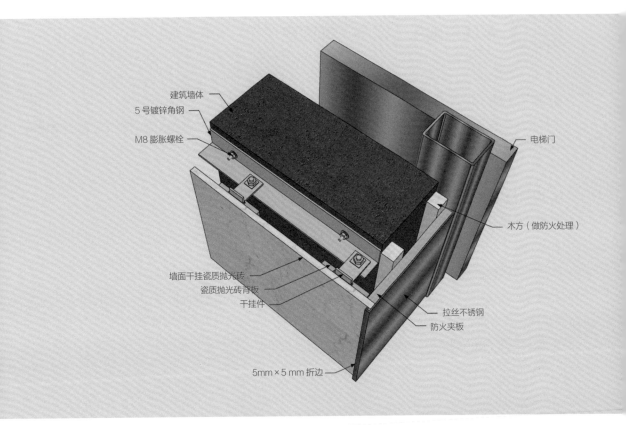

建筑墙体
5 号镀锌角钢
M8 膨胀螺栓
电梯门
木方（做防火处理）
墙面干挂瓷质抛光砖
瓷质抛光砖背板
干挂件
拉丝不锈钢
防火夹板
5mm×5 mm 折边

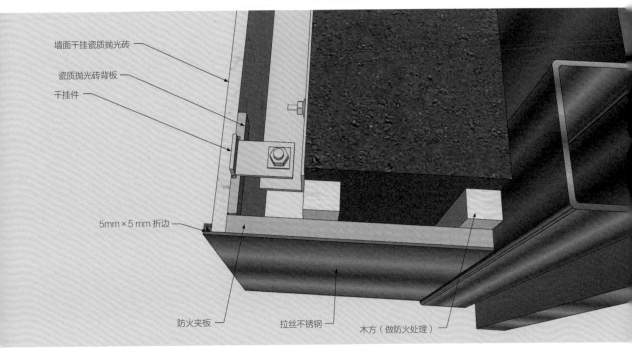

墙面干挂瓷质抛光砖
瓷质抛光砖背板
干挂件
5mm×5 mm 折边
防火夹板
拉丝不锈钢
木方（做防火处理）

a. 施工工序

主材定制—施工准备—材料加工—基层处理—固定墙砖结构框架—固定木龙骨基础、防火夹板基层—定制不锈钢收边条—干挂墙砖—安装不锈钢收边条—完成面处理

b. 用料及工艺分析

① 镀锌角钢及干挂配件用膨胀螺栓固定。

② 木龙骨、防火夹板需涂刷两遍防火涂料。

③ 加工不锈钢时，注意不锈钢与墙砖的收口。

④ 安装不锈钢时，注意接口处要平整，施工时不应轻易撕去不锈钢保护膜。有些保护膜由于成品死角或紧贴其他材质导致后期不易撕除，可在施工时对其进行适当的处理或去除。

⑤ 施工完成，做成品保护。

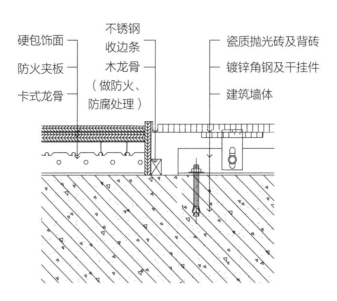

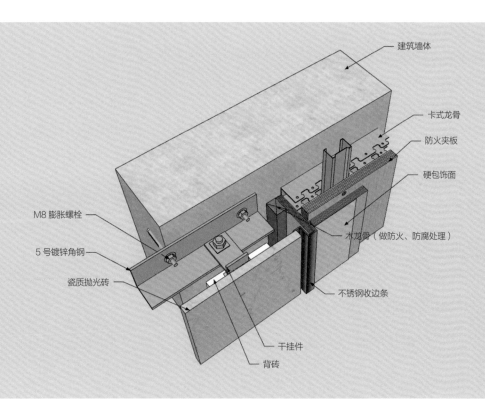

建筑墙体

卡式龙骨

防火夹板

硬包饰面

木龙骨（做防火、防腐处理）

M8 膨胀螺栓

5 号镀锌角钢

瓷质抛光砖

不锈钢收边条

干挂件

背砖

3.35 欧松板基底木饰面与银镜饰面

a. 施工工序

主材定制—施工准备—现场放线—材料加工—基层处理—固定细木工板基层—木饰面线条与玻璃用专用胶黏结—完成面处理

b. 用料及工艺分析

① 木饰面和玻璃需要在场外加工成半成品后再进场安装。

② 银镜或者烤漆玻璃需要在场内严格复尺，算好余量，精准定位。

③ 细木工板需做防火、防腐处理。

④ 施工完成，做成品保护。

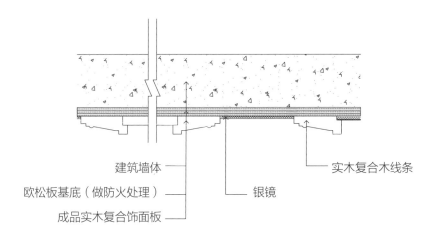

建筑墙体 ——

欧松板基底（做防火处理）——

成品实木复合饰面板 ——

—— 银镜

—— 实木复合木线条

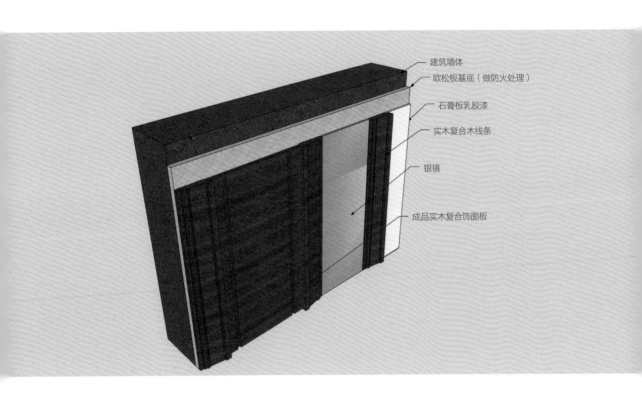

建筑墙体

欧松板基底（做防火处理）

石膏板乳胶漆

实木复合木线条

银镜

成品实木复合饰面板

3.36 金属挂件实木挂板与不锈钢饰面

a. 施工工序

准备工作—现场放线—材料加工—基层处理—制作轻钢龙骨隔墙—固定木饰面基础—固定专用干挂件—安装成品木饰面—完成面处理

b. 用料及工艺分析

① 不锈钢特性与玻璃相似，因为会反射光，所以要预留 5 mm × 5 mm 工艺缝，需要木饰面凹槽做装饰面层处理（对于木材来说，即贴皮和涂刷油漆）。

② 选用 1.2 mm 厚不锈钢面板，场外加工折弯。

③ 定制实木挂板，基础材料木工板需做防火处理。

④ 选用专业干挂件进行干挂。

⑤ 不锈钢饰面选用中性硅酮结构胶黏结。

⑥ 保证不锈钢折边平直。

⑦ 施工完成，做成品保护。

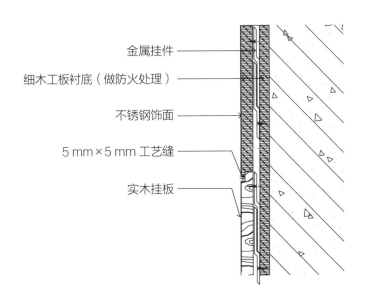

金属挂件

细木工板衬底（做防火处理）

不锈钢饰面

5 mm×5 mm 工艺缝

实木挂板

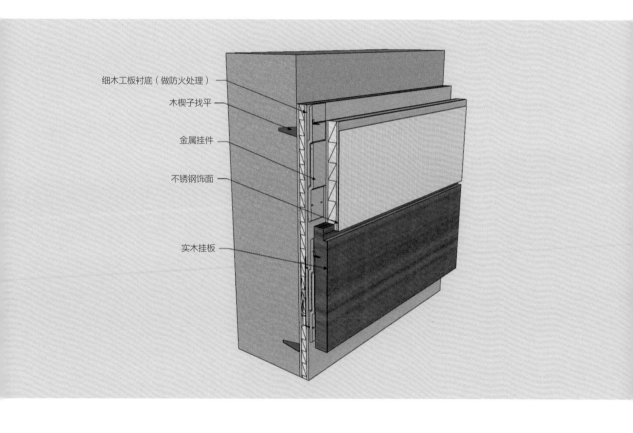

细木工板衬底（做防火处理）

木楔子找平

金属挂件

不锈钢饰面

实木挂板

3.37 轻钢龙骨实木饰面与壁纸饰面

a. 施工工序

准备工作—现场放线—材料加工—基层处理—制作卡式龙骨隔墙—固定木饰面基础—固定石膏板层—粘贴墙纸—安装成品木饰面—完成面处理

b. 用料及工艺分析

① 卡式龙骨可针对墙面进行找平，并调节墙体厚度。

② 木饰面需在场外加工为成品，场内安装。

③ 木饰面木工板基层需做防火处理。

④ 纸面石膏板钉眼需做防锈处理。

⑤ 保证墙纸与木饰面拼接缝中的不锈钢收边条的折边要平直完整。

⑥ 施工完成，做成品保护。

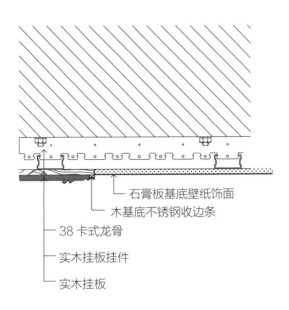

石膏板基底壁纸饰面
木基底不锈钢收边条
38 卡式龙骨
实木挂板挂件
实木挂板

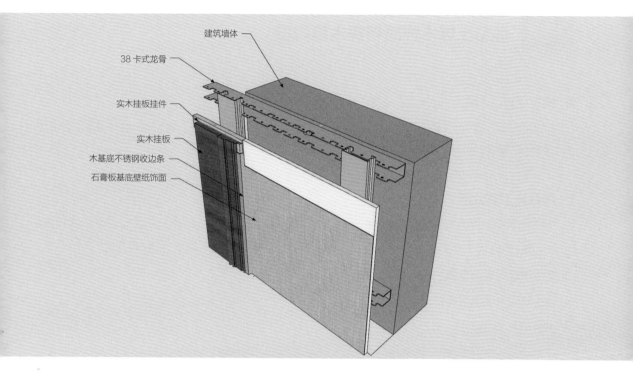

建筑墙体

38 卡式龙骨

实木挂板挂件

实木挂板

木基底不锈钢收边条

石膏板基底壁纸饰面

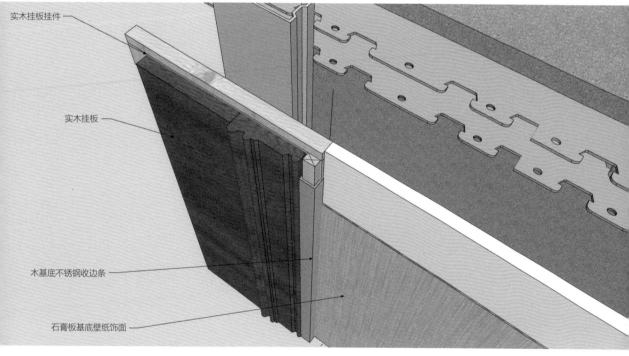

实木挂板挂件

实木挂板

木基底不锈钢收边条

石膏板基底壁纸饰面

3.38 混凝土墙木饰面与实木包门口

a. 施工工序

主材定制—施工准备—现场放线—材料加工—轻钢龙骨墙体制作—木工板打底—双向固定实木挂条—挂木饰面板—完成面处理

b. 用料及工艺分析

① 30 mm × 40 mm 木龙骨刷防火涂料三遍，用钢钉固定在木针上，将木针固定在混凝土墙体内。

② 15 mm 厚细木工板基层需做找平处理，用钢钉固定在木龙骨上，刷防火涂料三遍。

③ 实木门套用卡槽安装固定。

④ 施工完成，做成品保护。

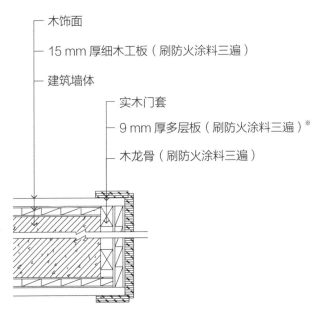

木饰面
15 mm 厚细木工板（刷防火涂料三遍）
建筑墙体
实木门套
9 mm 厚多层板（刷防火涂料三遍）※
木龙骨（刷防火涂料三遍）

※ 多层板是墙面饰面板的一部分，属于成品定制。

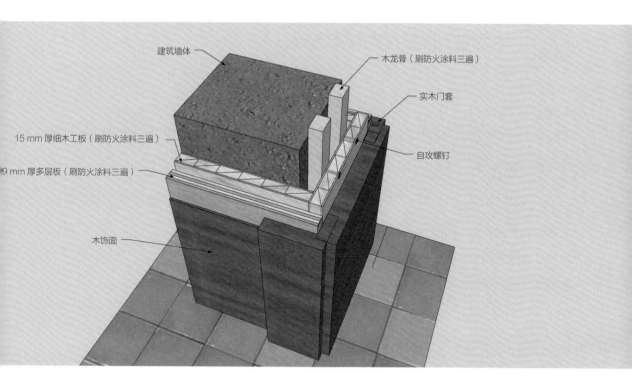

建筑墙体

木龙骨（刷防火涂料三遍）

实木门套

15 mm 厚细木工板（刷防火涂料三遍）

9 mm 厚多层板（刷防火涂料三遍）

自攻螺钉

木饰面

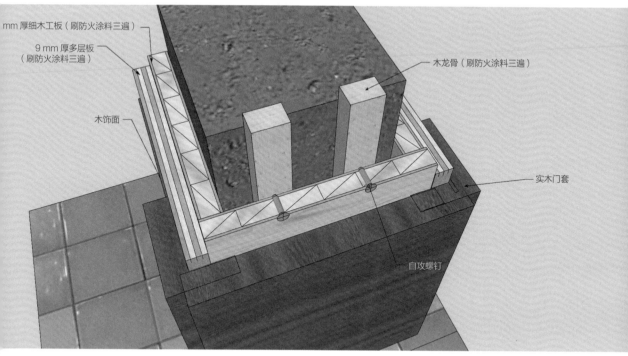

mm 厚细木工板（刷防火涂料三遍）

9 mm 厚多层板（刷防火涂料三遍）

木龙骨（刷防火涂料三遍）

木饰面

实木门套

自攻螺钉

3.39　木龙骨石膏板造型及工艺缝

a. 施工工序

准备工作—现场放线—材料加工—基层处理—木龙骨调平—安装石膏板基层—腻子找平—涂刷乳胶漆饰面—完成面处理

b. 用料及工艺分析

① 木龙骨需做三防（防火、防潮、防蛀）处理。

② 木工板基层需做三防（防火、防潮、防蛀）处理。

③ 施工完成，做成品保护。

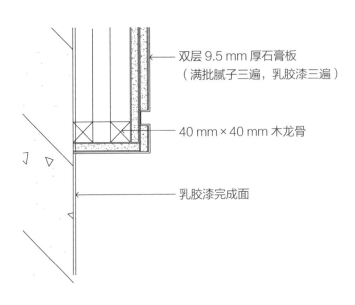

双层 9.5 mm 厚石膏板
（满批腻子三遍，乳胶漆三遍）

40 mm × 40 mm 木龙骨

乳胶漆完成面

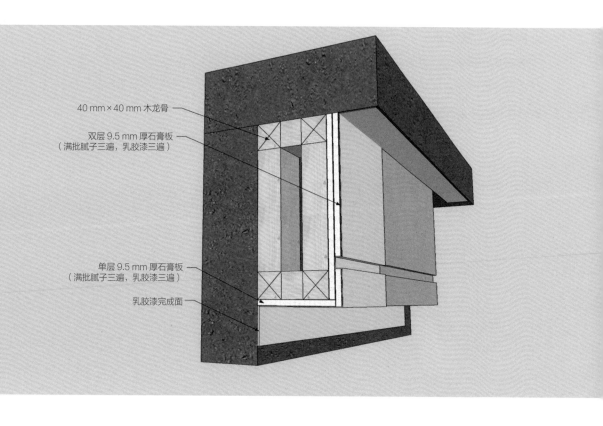

40 mm×40 mm 木龙骨

双层 9.5 mm 厚石膏板
（满批腻子三遍，乳胶漆三遍）

单层 9.5 mm 厚石膏板
（满批腻子三遍，乳胶漆三遍）

乳胶漆完成面

3.40 复合墙板与白钢包门口线

a. 施工工序

主材定制—施工准备—现场放线—材料加工—基层处理—安装木龙骨及细木工板—安装复合墙板—安装不锈钢口线—完成面处理

b. 用料及工艺分析

① 木龙骨及细木工板基层调平，做防火处理。

② 不锈钢做折边工艺，折边两次，必须平直。

③ 施工完成，做成品保护。

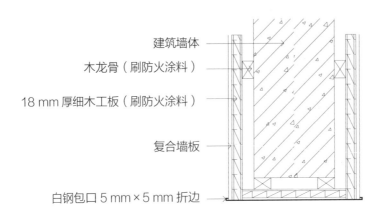

建筑墙体

木龙骨（刷防火涂料）

18 mm 厚细木工板（刷防火涂料）

复合墙板

白钢包口 5 mm×5 mm 折边

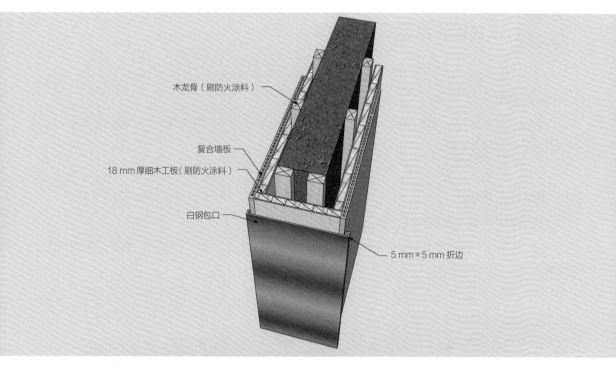

木龙骨（刷防火涂料）

复合墙板

18 mm 厚细木工板（刷防火涂料）

白钢包口

5 mm×5 mm 折边

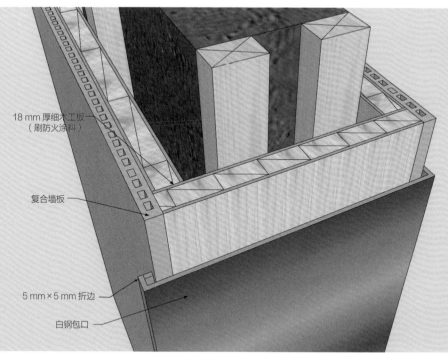

18 mm 厚细木工板
（刷防火涂料）

复合墙板

5 mm×5 mm 折边

白钢包口

3.41　木龙骨软包饰面

a. 施工工序

主材定制—施工准备—现场放线—材料加工—基层处理—木针框架固定调平—基层板固定—成品软包安装—完成面处理

b. 用料及工艺分析

① 需注意造型规格与材料尺寸，场外加工后施工时要精准对位。

② 注意软包布料和基层的热胀冷缩问题。布面容易松弛，对选材要求较高，安装时可选单层布，拉紧布面。软包做活动式更容易安装维修。

③ 木针主要用于墙面找平，需要提前在墙面打孔。

④ 软包施工时要用专用胶加射钉固定安装。

⑤ 木针及基层板需做三防（防火、防潮、防蛀）处理。

⑥ 施工完成，做成品保护。

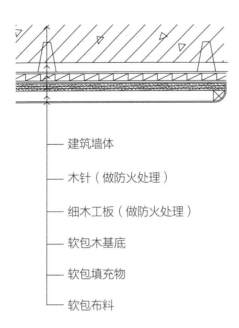

—— 建筑墙体

—— 木针（做防火处理）

—— 细木工板（做防火处理）

—— 软包木基底

—— 软包填充物

—— 软包布料

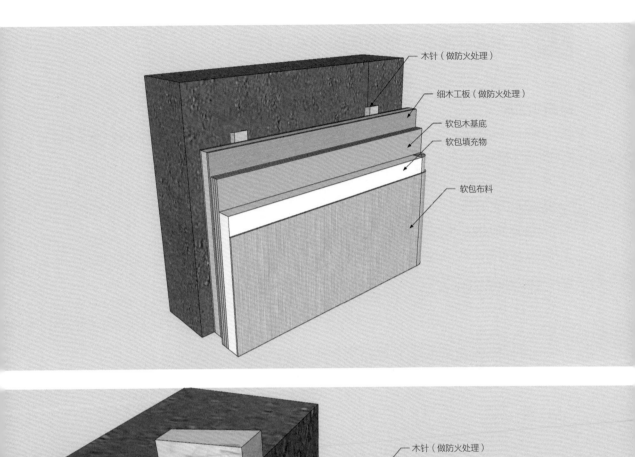

木针（做防火处理）

细木工板（做防火处理）

软包木基底

软包填充物

软包布料

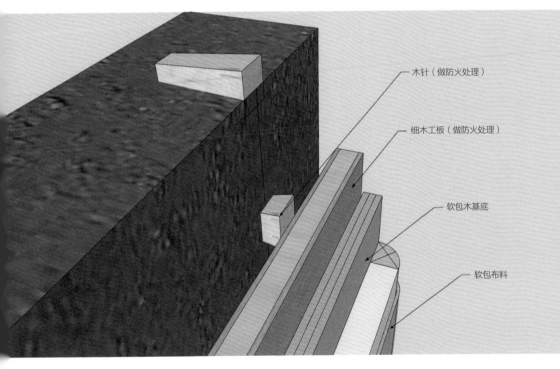

木针（做防火处理）

细木工板（做防火处理）

软包木基底

软包布料

a. 施工工序

施工准备—现场放线—木龙骨基底找平—安装细木工板基层—实木挂条双向固定—安装实木挂板—不锈钢饰面安装

b. 用料及工艺分析

① 30 mm × 40 mm 木龙骨，间距 300 mm，刷防火涂料。

② 用自攻螺钉将细木工板固定在木龙骨隔墙上。

③ 用结构胶将场外加工好的不锈钢饰面固定在多层板基层上。

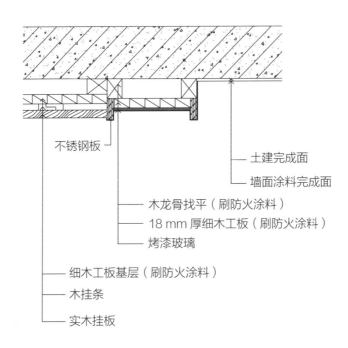

不锈钢板

土建完成面
墙面涂料完成面

木龙骨找平（刷防火涂料）
18 mm 厚细木工板（刷防火涂料）
烤漆玻璃

细木工板基层（刷防火涂料）
木挂条
实木挂板

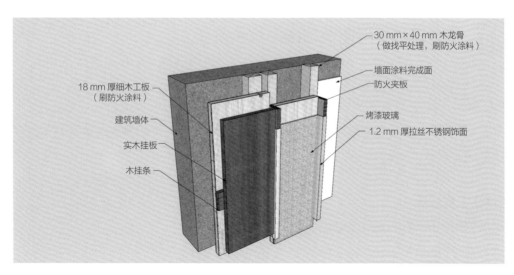

30 mm×40 mm 木龙骨
（做找平处理，刷防火涂料）

墙面涂料完成面
防火夹板

烤漆玻璃
1.2 mm 厚拉丝不锈钢饰面

18 mm 厚细木工板
（刷防火涂料）

建筑墙体

实木挂板

木挂条

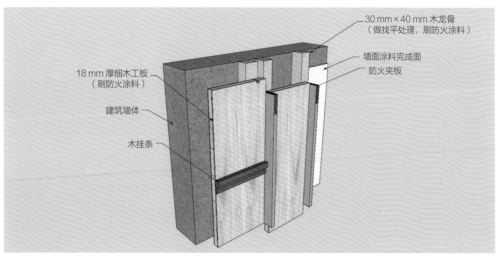

30 mm×40 mm 木龙骨
（做找平处理，刷防火涂料）

墙面涂料完成面
防火夹板

18 mm 厚细木工板
（刷防火涂料）

建筑墙体

木挂条

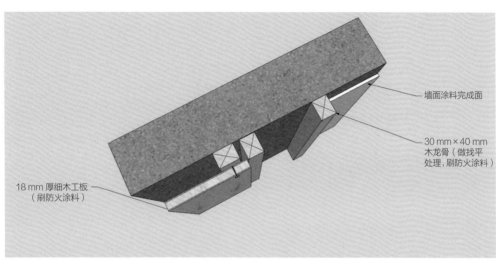

墙面涂料完成面

30 mm×40 mm
木龙骨（做找平
处理，刷防火涂料）

18 mm 厚细木工板
（刷防火涂料）

3.43 干挂石材（门窗）口线

a. 施工工序

施工准备—现场放线—主材定制场外加工—膨胀螺栓固定角钢—干挂件调平—石材干挂—完成面处理

b. 用料及工艺分析

① 石材干挂的尺寸需精准，工艺缝处理得当，材质收口完整。

② 镀锌角钢用膨胀螺栓与钢筋混凝土墙固定。

③ 石材与乳胶漆处留工艺凹槽，石材转角处建议留海棠角。

④ 石材见光面整体做打磨抛光处理。

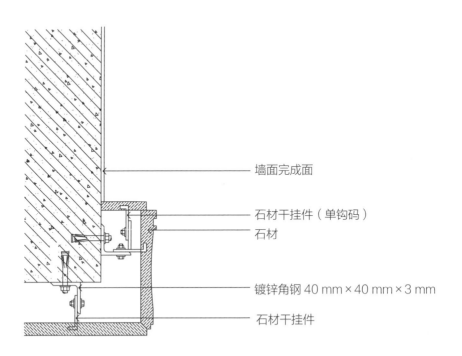

墙面完成面

石材干挂件（单钩码）

石材

镀锌角钢 40 mm×40 mm×3 mm

石材干挂件

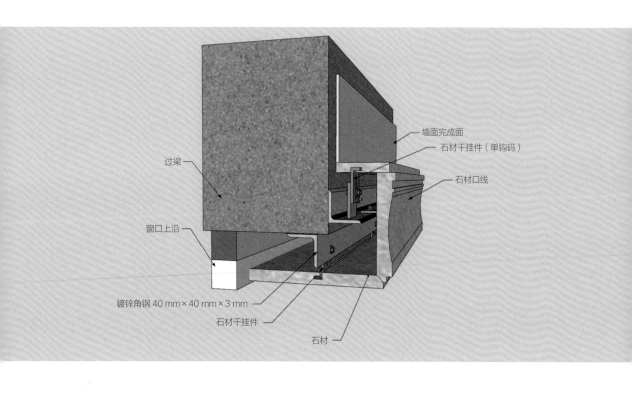

过梁

墙面完成面

石材干挂件（单钩码）

石材口线

窗口上沿

镀锌角钢 40 mm × 40 mm × 3 mm

石材干挂件

石材

a. 施工工序

施工准备—现场放线—固定膨胀螺栓—固定竖向 4 号角钢找平—焊接横向 4 号角钢—干挂预铸式玻璃纤维加强石膏板（英文缩写为"GRG"）—完成面处理

b. 用料及工艺分析

① 4 号镀锌角钢与墙面用 M8 膨胀螺栓固定。

② 角钢与角钢之间做焊接处理，位置需满足完成面尺寸要求。

③ 安装固定 GRG 板，用不锈钢角码固定在镀锌角钢上。

④ GRG 板与顶面石膏板留有 5 mm 宽的间隙。

⑤ GRG 板完成面用石膏找平涂料饰面。

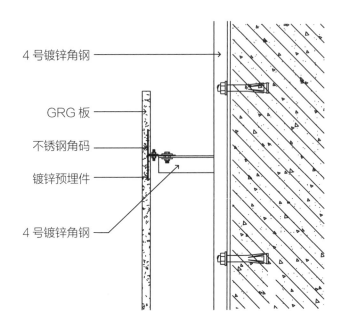

4 号镀锌角钢

GRG 板

不锈钢角码

镀锌预埋件

4 号镀锌角钢

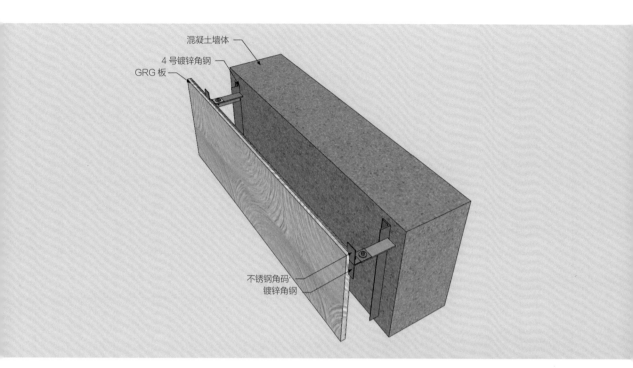

混凝土墙体

4 号镀锌角钢

GRG 板

不锈钢角码

镀锌角钢

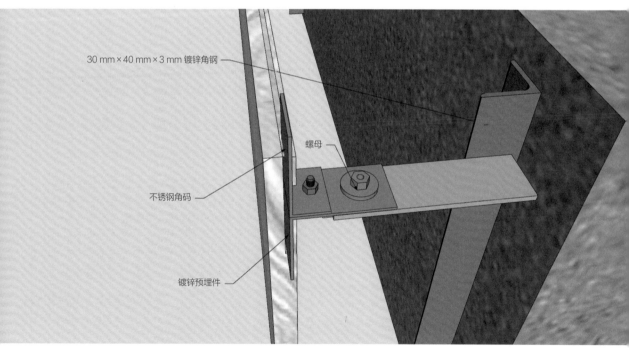

30 mm×40 mm×3 mm 镀锌角钢

螺母

不锈钢角码

镀锌预埋件

附录　装饰材料一般构造做法表

新增装饰隔墙构造做法	
名称	构造做法
加汽混凝土轻质砌块墙	新砌 200 mm 厚加汽混凝土轻质砌块墙体，应严格遵照规范要求，添加构造柱及过梁，铺设 30 mm 厚抹灰层，实地隔声等级（FSTC）应达到 50
混凝土砖墙	新砌 200 mm 厚混凝土砖墙体，应严格遵照规范要求添加构造柱及过梁，铺设 30 mm 厚抹灰层，FSTC 应达到 50
轻钢龙骨双面轻质不燃板墙	新砌 75 系列轻钢龙骨双面石膏板墙体，应严格遵照所选品牌的施工规范，墙中敷设的强弱电走线管必须为带接地的镀锌钢管，所有附件均为同一品牌，中间满填防火隔声棉，FSTC 应达到 50
钢结构墙	钢结构墙必须满足建筑结构规范，在垂直方向采用槽钢与上下楼板锚固（低于 5 m 采用 10 号槽钢，5 ~ 10 m 采用 15 号槽钢，高于 10 m 须由结构工程师确定使用何种材料），水平龙骨为 L50×4 角钢，与垂直龙骨水平连接（高度根据面材高度确定）
吊顶构造做法	
名称	构造做法
轻质不燃板天花（纸面石膏板、埃特板、涂料面层等）	钢筋混凝土楼板 吊顶距离结构楼板、梁底小于等于 1500 mm 时，用 M8 膨胀螺栓连接镀锌全丝吊筋，间距 900 mm × 900 mm；吊顶距离结构楼板、梁底大于 1500 mm 时，需添加角钢转换层，双向角钢间距 900 mm，吊牢。使用 50 系列上人轻钢龙骨骨架，主龙骨间距 900 mm，覆面龙骨间距 400 mm。用专用自攻螺钉将纸面石膏板拧牢，孔眼用腻子填平（做防锈处理），阴阳角及板材接缝处分别贴专用封缝带，刷涂料三遍（一遍底漆、二遍面漆）
木饰面天花	钢筋混凝土楼板 吊顶距离结构楼板、梁底小于等于 1500 mm 时，用 M8 膨胀螺栓连接镀锌全丝吊筋，间距 900 mm × 900 mm；吊顶距离结构楼板、梁底大于 1500 mm 时，需添加角钢转换层，双向角钢间距 900 mm，吊牢。使用 60 系列上人轻钢龙骨骨架，主龙骨间距 900 mm，覆面龙骨间距 400 mm。用专用自攻螺钉将 12 mm 厚阻燃夹板（背面刷防火漆）拧牢，孔眼用腻子填平（做防锈处理），用木挂条将成品木饰面板固定
隐框玻璃类天花	钢筋混凝土楼板 吊顶距离结构楼板、梁底小于等于 1500 mm 时，用 M8 膨胀螺栓连接镀锌全丝吊筋，间距 900 mm × 900 mm；吊顶距离结构楼板、梁底大于 1500 mm 时，需添加角钢转换层，双向角钢间距 900 mm，吊牢。用配套不锈钢螺栓连接隐框玻璃件，用中性密封结构硅胶安装玻璃，用玻璃胶填密擦缝
地面构造做法	
名称	构造做法
复合板地面（80 mm）	钢筋混凝土楼板 铺设 25 mm 厚 C20 混凝土垫层（中间铺设 Φ4@ 双向 100 mm 钢筋网）。铺设 20 mm 厚 1：3 水泥砂浆找平层，铺设珍珠棉防潮层。铺设 15 mm 厚复合木地板（注意收边及构造材料的伸缩处理）
石材地面（80 mm）	钢筋混凝土楼板 铺设 40 mm 厚 C20 混凝土垫层（中间铺设 Φ6@ 双向 100 mm 钢筋网）。铺设 20 mm 厚 1：3 水泥砂浆找平层，地漏处坡向 1% ~ 2% 找坡。铺设 5 mm 厚水泥砂浆黏层，与墙面防水层有机连接，向门外做 300 mm 宽。将 20 mm 厚石板铺实拍平，用填缝剂擦缝（铺贴 8 ~ 12 m，应根据地面材料设置伸缩缝）

墙饰面构造做法	
名称	构造做法
干挂软包布（皮）饰面板	加气混凝土砌块，20 mm 抹灰层，FSTC 为 50 的墙 纵向固定挂件，与墙面锚固。安装 12 mm 厚阻燃夹板基层。安装干挂软包布（皮）饰面板。铺设 6 mm 厚高密度阻燃海绵。安装扣布（皮）饰面。将挂件在每块板两侧边缘纵向固定，每侧均匀固定 4 副挂件。将饰面板通过挂件挂在墙上
木饰面	加气混凝土砌块，20 mm 抹灰层，FSTC 为 50 的墙 安装 9 mm 宽轻质不燃板垫条，铺设 12 mm 厚阻燃夹板基层。粘贴阻燃木饰面（注意实木线收口线的应用）
干挂石材饰面	加气混凝土砌块，20 mm 抹灰层，FSTC 为 50 的墙 （遇到轻质砖墙时，需采用穿墙螺栓及钢板双面锚接。）用 8 号镀锌槽钢、L50×4 角钢钢架龙骨与墙面锚固，水平高度需按石材高度确认。竖向间距 @400 和 600 mm，门洞处留空间做钢架加强处理。按石材板的高度安装配套水平不锈钢挂件，调整水平度与垂直度。用 AB 石材胶固定 20 mm 厚石材板和不锈钢挂件。用填缝剂擦缝
玻璃饰面（30 mm）	加气混凝土砌块，20 mm 抹灰层，FSTC 为 50 的墙 安装 9 mm 宽轻质不燃板垫条。铺设 12 mm 厚阻燃夹板，背面刷防火漆，用专用自攻螺钉拧牢，孔眼用腻子填平（做防锈处理）。粘贴 8 mm 厚玻璃饰面（包括所需配件）
踢脚线构造做法	
名称	构造做法
石材踢脚线	加气混凝土砌块，20 mm 抹灰层，FSTC 为 50 的墙 用水泥铺贴 20 mm 厚石材踢脚线（高度需根据立面图确定），用填缝剂擦缝
木饰踢脚线	加气混凝土砌块，20 mm 抹灰层，FSTC 为 50 的墙 用专用胶水粘贴 20 mm 厚实木踢脚线（高度需根据立面图确定）
金属踢脚线	加气混凝土砌块，20 mm 抹灰层，FSTC 为 50 的墙 铺设 12 mm 厚阻燃夹板，面封 2 mm 厚（高度根据立面图）金属材质。
暗藏灯槽构造做法	
名称	构造做法
暗藏灯槽（通用）	灯槽飘板及反边的龙骨均为 60 系列上人轻钢龙骨骨架，与其相邻天花为同一龙骨系统的延伸。孔眼用腻子填平（做防锈处理），阴阳角及板接缝处分别粘贴专用封缝带。刷涂料三遍（一遍底漆、二遍面漆）。表面材质做法参见相应的吊顶构造做法

注：1. 表中各种饰面材料的品种、颜色、规格需见具体图纸及材料表，各种基层材料及配件未注明型号或厚度等规格的需详见具体图纸。
2. 表中各种装修做法及工艺要求均按《建筑装饰装修工程质量验收标准》GB 50210—2018 执行。
3. 表中所有木质基层必须做阻燃浸泡处理，确保防火性能，并做防腐、防虫、防蛀处理，同时确保达到环保规范要求。
4. 所有石材在铺贴前需采用石材防护剂做好六面防浸透处理。
7. 所有钢结构为镀锌处理（不锈钢除外）。
8. 所有隔墙需注意结构加强附件的设置。
9. 所有室内水景除规范做法外，必须先在防水材料面上安装 2 mm 厚 316 不锈钢水池内胆，再做饰面。
10. ☐☐☐☐☐☐ 内表示土建已完成。

致谢

感谢我的小学美术老师，为我打开了一扇看世界的窗，自此改变我的整个人生轨迹。

感谢编辑，在茫茫人海中一眼就看见我，默默忍受我的拖稿，为我精益求精地反复改稿。

感谢我那个"晨型人"的娃他妈，承包了全家的餐饭，让我这个"夜型人"的爸爸不再因无法为孩子做早餐而自责，可以专心在每个晚睡的日子里写写画画。

感谢我任职的学校，给我提供了自我锤炼的机会及传授知识的平台，让我在钻研理论的同时，又可以用实际项目去验证理论知识的实用性。

感谢我那一届又一届的"小懒鬼"学生们，是你们让我养成了"如果我讲得再简单点、有趣点，学生肯定会更爱听"的思维惯性，活生生把我这个"社恐型"教师掰成了个"段子手"，并与时俱进地获得了很多新技能，变成了一个更完整的我。

感谢我的同事们，忍着喊我出去吃吃喝喝玩玩的冲动，用"投食"和鼓励抚慰我的焦躁情绪。

感谢这本书，让我开启我那一直在脑海、终于在路上的"做个插画师"的梦想。

感谢窗外公园里的树木十多年努力的成长，让我可以听着鸟鸣、风响，看着晨曦、月光，闻着春雨、冬雪，在成年后第一次完整地体验了四季。

原来写作和设计一样美妙……

王志宽

2024 年 4 月